Sitzungsberichte
der Akademie der Wissenschaften
der DDR
Mathematik – Naturwissenschaften – Technik

26 N

1980

Gerhard Keil

Der Einsatz fossiler organischer Kohlenstoffträger in Gegenwart und Zukunft

AKADEMIE-VERLAG · BERLIN

Sitzungsberichte
der Akademie der Wissenschaften
der DDR
Mathematik — Naturwissenschaften — Technik

Jahrgang 1980 · Nr. 26/N

Gerhard Keil

Der Einsatz fossiler organischer Kohlenstoffträger in Gegenwart und Zukunft

AKADEMIE-VERLAG · BERLIN
1981

Vortrag und Diskussionsbeiträge der wissenschaftlichen Sitzung des Plenums der Akademie der Wissenschaften der DDR am 24. Januar 1980

Herausgegeben im Auftrage des Präsidenten der Akademie der Wissenschaften der DDR von Vizepräsident Prof. Dr. Heinrich Scheel

Erschienen im Akademie-Verlag, DDR-1080 Berlin, Leipziger Straße 3—4

Lizenznummer: 202 · 100/45/81
Gesamtherstellung: VEB Druckhaus Köthen
Bestellnummer: 762 923 6 (2010/80/26/N) · LSV 1275
Printed in GDR
DDR 6,—M

Inhalt

Gerhard Keil

Der Einsatz fossiler organischer Kohlenstoffträger in Gegenwart und Zukunft

Der wissenschaftlich-technische Fortschritt und die mit ihm verbundene stürmische Entwicklung der Industrieproduktion hat zu einem großen Rohstoff- und Energieverbrauch geführt. In den letzten Jahren wurde im Plenum und in den Klassen wiederholt zu den unterschiedlichen Aspekten der Rohstoff- und Energiebereitstellung und -anwendung Stellung genommen. Auch die Klasse Chemie hat sich seit ihrer Bildung mit diesen elementaren Fragen auseinandergesetzt.

Es zeigte sich, daß die Problematik in Hinblick auf die fossilen Kohlenstoffträger besonders kompliziert und schwer überschaubar ist.

Wegen der vielen spezifischen Bedingungen und Restriktionen, denen diese Rohstoffe und ihre Verarbeitung unterworfen sind, scheint es, als ob man die unterschiedlichsten Auffassungen nicht nur vertreten, sondern auch beweisen könne.

Deshalb hat die Klasse Chemie den Vorschlag unterbreitet, dieses Thema im Plenum zu behandeln.

Wir hoffen, aus der Diskussion mit Ihnen Anregungen für die weitere Arbeit zu erhalten, und rechnen damit, daß die durch die Sitzungen des Plenums geförderte Zusammenarbeit der Wissenschaftszweige günstige Möglichkeiten für die Klärung der Problematik eröffnen wird.[1]

Zur volkswirtschaftlichen Bedeutung der fossilen organischen Kohlenstoffträger

Die fossilen organischen Kohlenstoffträger besitzen in der Volkswirtschaft gegenwärtig eine größere Bedutung als andere Gruppen von Rohstoffen. Wir sind der Meinung, daß in der besonderen Stellung der Kohlenstoffträger im gesellschaftlichen Reproduktionsprozeß der Angelpunkt für unsere Überlegungen liegen muß, und wollen versuchen, diese Besonderheit der fossilen organischen Kohlenstoffträger (das sind vor allem Kohlen, Erdöl und Erdgas) zu charakterisieren:

Fossile Kohlenstoffträger sind *sowohl* Quelle von Gebrauchsenergie *als auch* von Chemiegrundstoffen. Sie besitzen in diesem Sinne eine Doppelfunktion. Wir können aus Kohle und Erdöl wahlweise Gebrauchsenergie, wie Elektroenergie, Wärme und Ferngas, herstellen, aber auch Azetylen, Olefine oder Aromaten und andere Chemiegrundstoffe. Daher treffen in dieser Rohstoffgruppe zahlreiche Probleme der Energie- und Stoffwirtschaft zusammen.

Die Bedeutung der Energieversorgung muß nicht besonders betont werden. Es genügt, darauf hinzuweisen, daß der Ersatz der physischen Arbeitskraft durch Gebrauchsenergie eine Voraussetzung für die Steigerung der Arbeitsproduktivität ist. Das kennzeichnet bereits die besondere Rolle der *Energie* im volkswirtschaftlichen Reproduktionsprozeß.

Die *stoffwirtschaftliche Bedeutung* der fossilen Kohlenstoffträger liegt darin, daß die organischen Chemiegrundstoffe Ausgangspunkt einer breiten Produktpalette sind, zu denen Pharmazeutika, Plaste und Elaste, Chemiefasern, Textilhilfsmittel, Farb- und Riechstoffe, Waschmittel u. v. a. m. gehören.

Darunter sind also hochwertige Endprodukte ebenso wie unentbehrliche Zwischenprodukte.

Die organisch-chemischen Prozesse, für die die Bereitstellung fossiler Kohlenstoffträger unerläßlich ist, gehören deshalb seit Jahrzehnten zu den wichtigsten und dynamischsten Grundlagen der Industrie. Dabei verdanken sie ihre Bedeutung der Tatsache, daß die Verwendung von Chemieprodukten alle anderen Bereiche der Volkswirtschaft durchdringt. Die organische Chemie ist in vieler Hinsicht Schrittmacher der Intensivierung in anderen Bereichen und ermöglicht dort neue wissenschaftlich-technische Lösungen.

Daraus resultiert die volkswirtschaftliche Bedeutung der *organischen Grundstoffe* und die Notwendigkeit, sie auch im eigenen Lande herzustellen.

Die Gesamtheit dieser Umstände macht deutlich, daß die fossilen Kohlenstoffträger aus energiewirtschaftlichen und stoffwirtschaftlichen Gründen eine Schlüsselstellung in der Volkswirtschaft einnehmen und daß die mit ihnen zusammenhängenden Probleme Fragen von höchstem gesellschaftlichem Rang aufwerfen. Deshalb erscheint es unangemessen, sie etwa ausschließlich unter technologischen oder verfahrenstechnischen Aspekten behandeln zu wollen.

Es ist noch eine weitere, die Gesamtproblematik kennzeichnende Vorbemerkung erforderlich. Alternativen der Energie- und Rohstoffwirtschaft werden noch weniger als bei anderen Verfahren und Erzeugnissen innerhalb weniger Jahre wirksam.

Mit unserer Fragestellung müssen wir einen Zeitraum von ca. 30—50 Jahren überblicken und die in diesem Zeitraum notwendigen Einzelschritte betrachten.

Natürlich fällt es schwer, für eine solche Dauer Gültiges zu formulieren, das aber ist in diesem Fall unumgänglich. Wir müssen uns darüber im klaren sein, daß Entscheidungen über die Entwicklung der Energie- und Rohstoffwirtschaft, die bis in diese recht ferne Zukunft reichen, bereits unmittelbar vor uns stehen und daß wir in unsere Aussagen sowohl Vorstellungen über die vermutliche Entwicklung spezieller Fachgebiete als auch über die grundsätzliche Entwicklung der Gesellschaft einbeziehen müssen.

Das 11. Plenum des Zentralkomitees der SED hat erneut bekräftigt, daß unsere gesellschaftliche Entwicklung weiterhin von der Einheit von Wirtschafts- und Sozialpolitik bestimmt sein wird. Weiter stellte Erich Honecker in seinem Bericht an das 11. Plenum fest, daß die internationale Situation auf dem Gebiet der Energie-

und Rohstoffversorgung langfristig angespannt bleiben wird. Beide Feststellungen verbindend, müssen wir uns die Frage stellen: Wie kann die weitere Entwicklung der Volkswirtschaft energie- und stoffwirtschaftlich gesichert werden, und welche Bedeutung wird dabei die Verarbeitung fossiler Kohlenstoffträger haben?

Für die Volkswirtschaft kann ein Zusammenhang zwischen der Steigerung des Nationaleinkommens bzw. der Bruttoproduktion und dem Verbrauch an Primärenergie aufgezeigt werden (Abb. 1). Das Wachstum des Primärenergieverbrauchs blieb deutlich hinter dem Wachstum der Produktion zurück. Trotzdem hat die Energieproduktion absolut zugenommen.

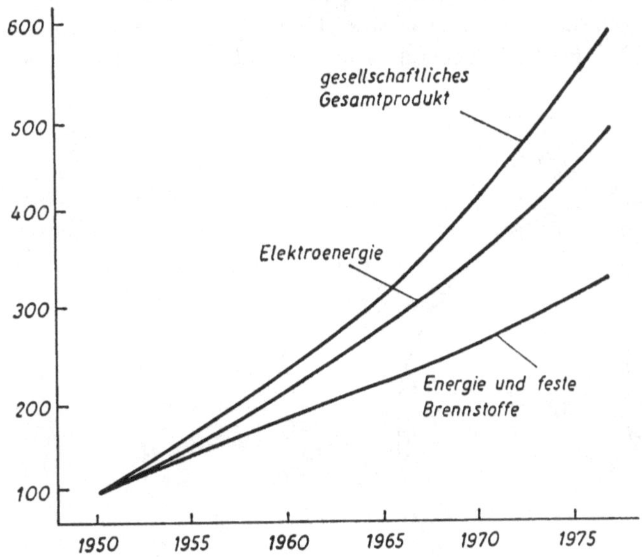

Abb. 1 Energieproduktion und gesellschaftliches Gesamtprodukt der DDR Statistisches Jahrbuch der DDR 1978.

Unsere Reserven an einheimischer Braunkohle sind recht groß, aber letztlich doch begrenzt. Der Förderungsaufwand steigt schnell an.

Wir werden aus verschiedenen Gründen die gegenwärtige Fördermenge nicht entscheidend erhöhen können. Ebenso kann nicht mit einer wesentlichen Steigerung der Ölimporte gerechnet werden. Wir sehen unter diesen Bedingungen drei Wege, die Lücke zwischen Aufkommen und Bedarf an Gebrauchsenergie und organischen Chemiegrundstoffen zu schließen:

1. Erhöhung des Aufkommens aus den gegenwärtig zur Verfügung stehenden fossilen Kohlenstoffträgern durch intensivere Ausnutzung bei der Gebrauchsenergie- und Grundstofferzeugung,
2. Bereitstellung neuer Energie- und Kohlenstoffträger.

3. Einschränkung des Energie- und Materialverbrauches in allen Sphären der Konsumtion.

Wir möchten darlegen, welche Möglichkeiten sich durch diese 3 Lösungswege eröffnen können.

Möglichkeiten der Erhöhung des Aufkommens aus den gegenwärtig zur Verfügung stehenden fossilen Kohlenstoffträgern

Gegenwärtig stehen 3 fossile Kohlenstoffträger in größerer Menge zur Verfügung: Braunkohle, Erdöl und Erdgas. Ihren Anteil am Energieaufkommen der DDR macht (Abb. 2) deutlich. Braunkohle wird zu über 90% energetisch genutzt. Aus ihr wurden 1976 82% der Elektroenergie und rund 42% des Ferngases hergestellt.

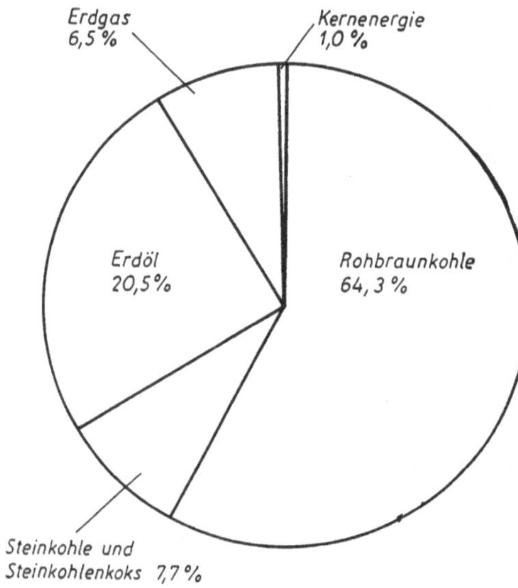

Abb. 2 Anteil der fossilen Kohlenstoffträger am Primärenergieverbrauch der DDR
Statistisches Jahrbuch der DDR 1978.

Ein Teil wird auch stoffwirtschaftlich verwendet. 1976 verarbeiteten z. B. die Schwelereien 12,6 Mio t Kohle. Das waren 5,1% der Gesamtförderung.

Auch Erdöl wird zum größten Teil für energetische Zwecke verwendet, 1976 waren das noch 89% (einschließlich der Kraftstoffe).

Man kann also sagen, daß nicht nur die Braunkohle, sondern auch Erdöl und Erdgas vor allem energetisch genutzt, d. h. in irgendeiner Weise verbrannt werden. Daraus läßt sich als allgemeine Feststellung bereits ableiten, daß die rationelle Energieumwandlung und Energieanwendung im Mittelpunkt stehen müssen, wenn es um die bestmögliche Ausnutzung der fossilen Kohlenstoffträger geht.

Wir sind der Meinung, daß dies möglich ist durch

a) optimale Verteilung der fossilen Kohlenstoffträger auf die spezifischen Verarbeitungsverfahren,

b) Erhöhung der stofflichen und energetischen Wirkungsgrade der Verfahren,

c) bessere Nutzung der entstehenden Produkte.

Diese Möglichkeiten seien im folgenden kurz besprochen:

Die optimale Verteilung der fossilen Kohlenstoffträger bedeutet, Braunkohle, Erdöl und Erdgas den verschiedenen Verfahren (Elektroenergieerzeugung, Fern- oder Synthesegaserzeugung, Herstellung von Kraftstoffen usw.) *so* zuzuordnen, daß insgesamt der größte Nutzen entsteht. Dabei ist zunächst die Frage zu beantworten, sollen diese Rohstoffe vornehmlich stoffwirtschaftlich oder vornehmlich energetisch verwendet werden. Was man an Chemierohstoffen mehr erzeugt, geht an Energie verloren und umgekehrt. Benötigt wird *beides* dringend.

Als ich feststellte, daß die 3 Kohlenstoffträger gleichermaßen stoffwirtschaftlich oder energetisch einsetzbar sind, ging ich von den *prinzipiellen technischen Möglichkeiten* aus. Die Möglichkeiten werden jedoch in der Praxis durch die chemischen, physikalischen und Verarbeitungseigenschaften der Rohstoffe modifiziert.

So unterscheiden sich Braunkohle, Erdöl und Erdgas wesentlich durch das Verhältnis von Wasserstoff- und Kohlenstoffanteil in ihnen. Das Wasserstoff-Kohlen-

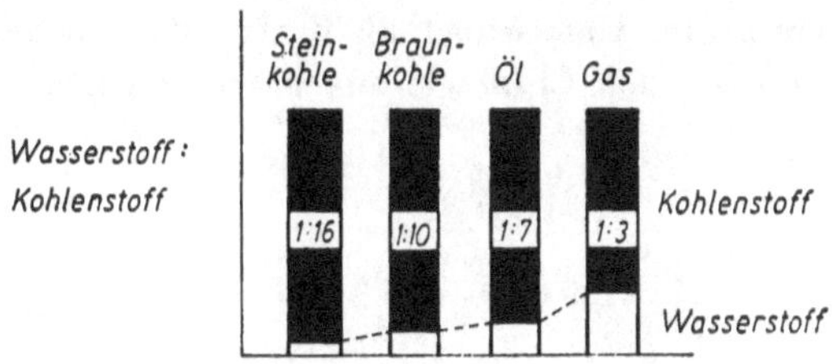

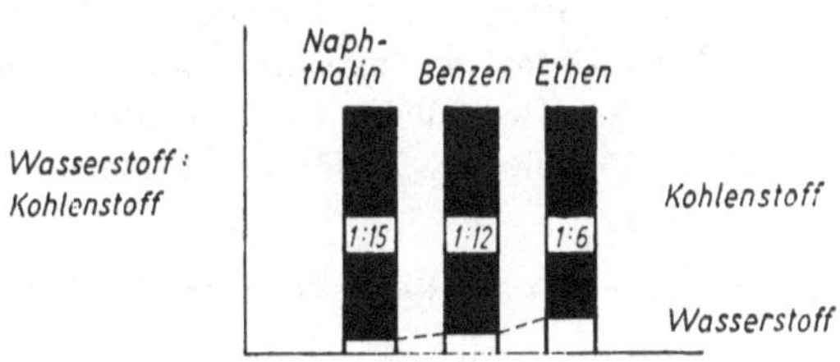

Abb. 3 Das Wasserstoff-Kohlenstoff-Verhältnis der fossilen Kohlenstoffträger Eigene Angaben.

stoffverhältnis hat großen Einfluß auf die technischen Bedingungen und damit auf die Effektivität der stoffwirtschaftlichen Verarbeitung.

In (Abb. 3) sind die H : C-Verhältnisse der Rohstoffe dargestellt.

Die organischen Verbindungen der Rohbraunkohle verfügen im allgemeinen über einen wesentlich geringeren Wasserstoffanteil als die notwendigen Chemiegrundstoffe. Deshalb muß bei der stoffwirtschaftlichen Verwendung der Kohle in den meisten Fällen Wasserstoff zugeführt werden. Dafür gibt es zwar bewährte verfahrenstechnische Lösungen, aber sie sind alle sehr energie- und investaufwendig. Dieser Umstand weist uns nachdrücklich darauf hin, daß *Erdöl und Erdgas* grundsätzlich für die *stoffwirtschaftliche* Verwendung prädestiniert sind.

Auch hinsichtlich des Energieinhaltes, des Aggregatzustandes, des Anteils an anorganischen Substanzen und Heteroatomen, insbesondere Sauerstoff, bestehen gravierende Unterschiede, wie übrigens auch zwischen den verschiedenen Kohlen. Das führt schließlich dazu, daß die Erdöl- und Erdgasverarbeitung der Braunkohleverarbeitung hinsichtlich

- der Arbeitsproduktivität
- der Grundfondsintensität
- der Wirkungen auf die Umwelt
- der Arbeitsbedingungen und
- der energetischen und stoffwirtschaftlichen Wirkungsgrade

überlegen ist.

Dabei ist das Effektivitätsgefälle zwischen Braunkohle- und Erdöl- und Erdgasverarbeitung stark von der Anzahl der Prozeßstufen abhängig, die jeweils benötigt werden. Und hier ist es eben ein großer Unterschied, ob Kraftstoffe in einem Prozeß durch atmosphärische Destillation aus Erdöl gewonnen werden können oder über

- Brikettierung
- Schwelung der Briketts
- Vergasung des Schwelkokses
- Konvertierung des Rohgases
- Fischer-Tropsch-Synthese und anschließende
- Reformierung des Rohbenzins

entstehen.

Zum Beispiel ist älteren Angaben nach die Arbeitsproduktivität der Erdöl- und Erdgasverarbeitung bis 20mal größer und der Bedarf an Investitionen bis 10mal geringer als bei Kohleverarbeitungsverfahren zur Herstellung von Kraftstoff. Aus diesen und weiteren Überlegungen ergeben sich folgende Tendenzen für den optimalen Einsatz von Erdöl, Erdgas und Kohle:

1. Erdöl und Erdgas gestatten gegenwärtig eine wesentlich effektivere Stoffwirtschaft als die Kohle.

Solange sie unter Wahrung der volkswirtschaftlichen Effektivität zugänglich sind, sollten sie verwendet werden.

2. Bei der unmittelbaren Verbrennung im Dampferzeuger kann die Braunkohle eine vergleichsweise hohe Effektivität vor allem bei Grundlastkraftwerken erreichen, weil die Kohle direkt aus dem Tagebau in die Kraftwerke gefahren und dort verbrannt werden kann.

Es findet keine aufwendige Vorbehandlung statt, und mit Elektroenergie und Fernwärme fallen unmittelbar Endprodukte an. Deshalb sollte eine Resubstitution von Erdöl durch Kohle zuerst bei der Erzeugung von Elektroenergie und Fernwärme erfolgen.

Es muß allerdings bemerkt werden, daß eine Substitution durch Kernenergie günstiger wäre, wenn die Möglichkeiten dazu im notwendigen Zeitraum bestünden.

3. Als nächste Möglichkeit der Substitution von Erdöl durch Braunkohle folgt die BHT-Verkokung und die Vergasung. Diese Verfahren sind bereits mehrstufig. Sie erscheinen effektiv, wenn die entstehenden Produkte weiterveredelt und die Mehraufwendungen der Vorstufen durch möglichst hohe Gebrauchswertsteigerung der Folgeprodukte kompensiert werden. Auf der Grundlage der Synthesegase lassen sich Ammoniak, Harnstoff, Methanol und langkettige Kohlenwasserstoffe herstellen. Die Methanolsynthese z. B. gewinnt dabei an Bedeutung und kann neue Möglichkeiten der industriellen Stoffwandlung eröffnen und zur Kraftstoffversorgung beitragen.

4. Erst nach diesen Schritten folgt die Substitution von Erdöl durch Kohle durch Entgasungsverfahren (Schwelung) und die Extraktion wasserstoffreicher Inhaltsstoffe aus Kohle und deren Weiterverarbeitung sowie die Hydrierung von Kohle bzw. Kohleinhaltsstoffen zum Beispiel zu Kraftstoffen.

Das Energieflußbild der DDR zeigt, daß wir jedoch für die Entgasungsverfahren relativ viel Braunkohle bereitstellen. Gegenwärtig wird die Schwelerei in Espenhain mit großer Anstrengung rekonstruiert, was unterstreicht, daß wir an diesen Verfahren festhalten wollen. Hier handelt es sich um eine der Fragen, die nur durch eine komplexe volkswirtschaftliche Betrachtung verständlich werden.

Tatsächlich sollen für die Gewinnung von ungefähr 500 kt Teer/a rund 8 Mio t Braunkohle verarbeitet werden, wobei auch Braunkohlenschwelkoks anfällt. Das ist ein sehr großer Braunkohleeinsatz für diese Menge an Flüssigprodukten.

Durch die Verarbeitung dieses Teers zu hochwertigem Elektrodenkoks sichern wir jedoch die Versorgung der Metallurgie mit einem hochwertigen Produkt der Grundchemie, das überdies aus Erdöl in dieser Qualität nur schwer herstellbar ist.

Bei dieser Verarbeitung entstehen noch andere Produkte (Abb. 4), was uns auf einen weiteren wichtigen Umstand hinweist:

Die Energiewirtschaft der DDR hat sich historisch anders entwickelt als die anderer Industriestaaten und ist durch einige Besonderheiten gekennzeichnet. Der Übergang zur Erdöl- und Erdgasverarbeitung fand auch bei uns statt, und es wäre wegen der damit verbundenen ökonomischen und verfahrenstechnischen Vorteile auch gar nicht zu verantworten gewesen, diesen Schritt nicht mitzugehen. Aber wir haben uns doch eine umfangreiche karbochemische Produktion auf der Basis der einheimischen Rohstoffe erhalten und erzeugen einen großen Teil der Gebrauchsenergie aus unserer Braunkohle (Abb. 5).

Das erleichtert uns gegenwärtig die notwendige Orientierung auf ausgewählte Kohleverarbeitungsverfahren, weil wir von völlig anderen Voraussetzungen ausgehen als andere entwickelte Industrienationen, und diesen Vorteil gilt es zu nutzen. Allerdings — und das zeigt das Beispiel der Rekonstruktionsmaßnahmen in Espenhain — kann es keine einfache Fortsetzung der traditionellen Kohleverarbeitung geben. Die Teere aus der Schwelerei werden z. B. nicht mehr vorrangig zu Kraftstoffen hydriert, sondern — wie schon erwähnt — zu einem wertvollen Koks verarbeitet, der hochveredelt die Palette der Erdölprodukte sinnvoll und effektiv ergänzt.

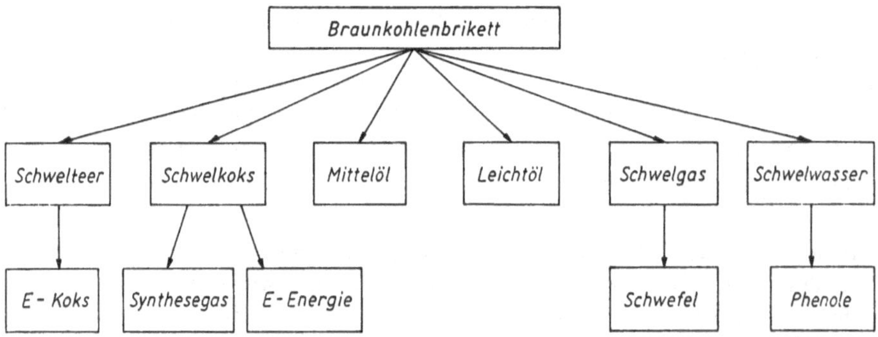

Abb. 4 Produktschema der Tieftemperaturentgasung von Braunkohlebriketts (Schwelung)
Eigene Angaben.

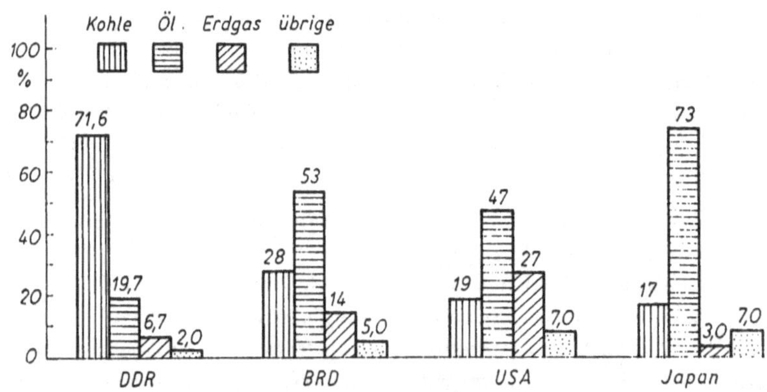

Abb. 5 Energieverbrauchsstrukturen ausgewählter Industriestaaten (1976)
Nach World Energy Supplies 1972—1976. New York 1978.

Die Substitution von Erdöl durch Kohle führt bei unterschiedlichen Verfahren zu unterschiedlichen stoffwirtschaftlichen Effekten (Abb. 6).

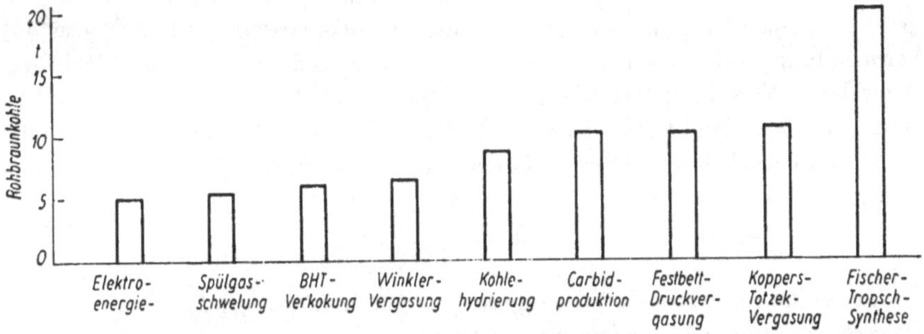

Abb. 6 Zur Substitution von 1 t Erdöl erforderliche Braunkohlemenge
Eigene Berechnungen.

Ein Rechenbeispiel soll die Größenordnungen der Reserven zeigen, die durch, optimale Verteilung von fossilen organischen Kohlenstoffträgern freigesetzt werden könnten.

Gegenwärtig werden ca. 4,5 Mio t Erdölprodukte (Destillationsrückstände u. a.) in Dampferzeugern verbrannt. Zu ihrer Substitution sind 23 Mio t Rohbraunkohle erforderlich. Andererseits könnten diese 4,5 Mio t Erdölprodukte, wenn sie dazu benutzt würden, Braunkohle stoffwirtschaftlich zu substituieren, 34—45 Mio t Rohbraunkohle freisetzten. Das ist natürlich eine Überschlagsrechnung.

Die gegenseitige Substitution von Kohle und Erdöl dürfte folgenden Tendenzen entsprechen:

- Braunkohle ersetzt das Erdöl in den *energetischen* Funktionen, in erster Linie bei der Elektroenergieerzeugung und der Bereitstellung von Fernwärme.[2]
- Erdöl bleibt so lange wie möglich Rohstoff für *stoffwirtschaftliche* Veredlung, besonders für solche Produkte, zu deren Herstellung die Braunkohleverarbeitung viele Prozeßstufen benötigt und deren Wasserstoffbedarf groß ist.
- Ein Mittelweg, der der Kohle sowohl eine energetische als auch eine stoffwirtschaftliche Perspektive eröffnet, ist die Vergasung.
  Die Entwicklung eines neuen Vergasungsverfahrens, bei dem im Gegensatz zu dem gegenwärtig gebräuchlichen zwei aufwendige Prozeßschritte eingespart werden, ist ein wichtiger Beitrag in diese Richtung. Diese Maßnahme wurde von Erich Honecker im Bericht an das 11. Plenum des ZK der SED aus gutem Grund hervorgehoben.

Bei diesen Betrachtungen müssen wir uns aber darüber im klaren sein, daß eine ausschließlich stofflich-energetische Beurteilung der Verfahren bzw. der Rohstoffverwendung nicht genügt. Ich wies bereits darauf hin, daß sich Erdöl-/Erdgas-Verarbeitung und Braunkohleverarbeitung auch hinsichtlich der Fondsaufwendungen sehr unterscheiden.

Deshalb ist es nicht ausreichend, nur die stofflichen und energetischen Wirkungsgrade sowie die laufenden Aufwendungen für die Verfahren zu berücksichtigen, sondern es müssen vor allem die Investitionsaufwendungen beachtet werden. Wir sind jedoch hinsichtlich einer solchen komplexen volkswirtschaftlichen Bewertung der Verarbeitungsverfahren methodisch nicht sicher und vertreten die Meinung, daß Chemiker, Verfahrenstechniker, Energetiker und Wirtschaftswissenschaftler gemeinsam an der Ermittlung der komplexen volkswirtschaftlichen Effektivität solcher Varianten arbeiten sollten und sehen hier einen Schwerpunkt gemeinsamer Forschung.

Möglichkeiten der intensiveren Nutzung der fossilen Kohlenstoffträger durch Verbesserung der Verarbeitungsverfahren

Dabei geht es um die Verbesserung der energetischen und stofflichen Wirkungsgrade (Abb. 7). Sie sind sehr unterschiedlich und scheinen bei den Braunkohleverarbeitungsverfahren auf große Reserven hinzuweisen. Aber die Wirkungsgrade dieser Verfahren können nur mit großem Aufwand verbessert werden. So gelten Wirkungsgrade von 36% für Kondensationskraftwerke international als sehr gute Werte. Sie werden nur in den modernsten Anlagen erreicht. Ein Wirkungsgrad von beispielsweise 50% ist für diesen Kraftwerkstyp großtechnisch gegenwärtig nicht erreichbar. Das bedeutet, daß der Wirkungsgradverbesserung bestehender

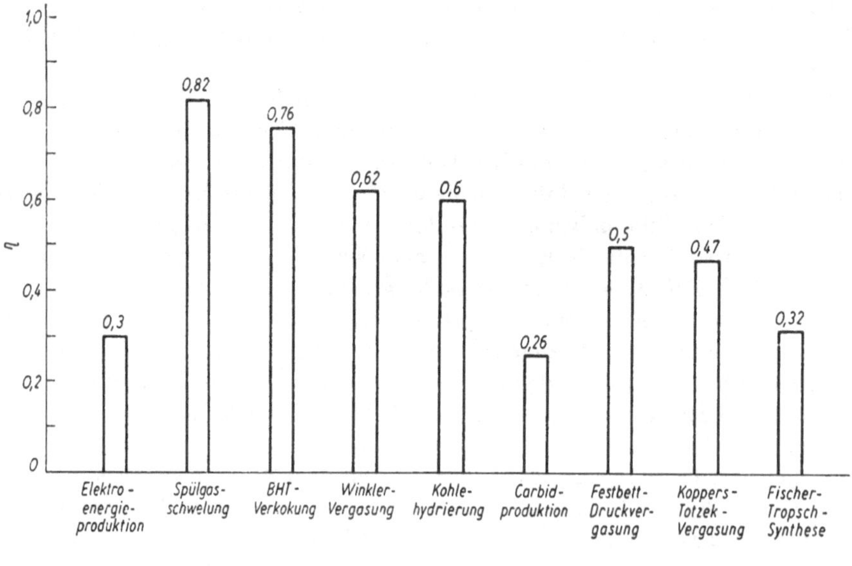

Abb. 7 Energetischer Wirkungsgrad η ausgewählter Braunkohleverarbeitungsverfahren Eigene Berechnungen.

Anlagen bzw. bekannter Verfahren technisch und vor allem ökonomisch Grenzen gesetzt sind. Hier wird besonders deutlich, daß die wissenschaftlich-technische Lösung eines Problems und seine großtechnische Realisierung zwei verschiedene Dinge sind.

Für die meisten Verfahren zur Verarbeitung fossiler Kohlenstoffträger liegen wissenschaftlich-technische Weiterentwicklungen vor. So auch für das Fischer-Tropsch-Verfahren, durch das bereits vor 40—45 Jahren in Deutschland ein großer Teil der Kraftstoffe hergestellt wurde. Wir können diesen Weg — wie auch einige andere — aber gegenwärtig nicht beschreiten, weil

- der Bedarf auf völlig neue Dimensionen angewachsen ist,
- wir eine bestimmte vorhandene Struktur der Grundfonds berücksichtigen müssen,
- wir die Mengen an Einsatzkohlen im notwendigen Zeitraum nicht freistellen können,
- die Arbeitsbedingungen und Umweltbelastung früherer Jahrzehnte heute nicht mehr zulässig sind und gerade bei Braunkohleverarbeitungsverfahren hohe Aufwendungen zu ihrer Verbesserung erforderlich sind,
- das Verfahren sehr viele Arbeitskräfte erforderte, die gegenwärtig mit hohem Aufwand durch Mechanisierung und Automatisierung freigesetzt werden müßten.

  Dieser Freisetzungsaufwand bestimmt maßgeblich die Investitionskosten, die um Größenordnungen höher sind als vor 40—50 Jahren.

Zusammenfassend kann man sagen, daß die Lösung der Rohstoff- und Energieproblematik nicht allein dadurch erreicht werden kann, die Wirkungsgrade herkömmlicher Anlagen auf den maximalen Wirkungsgrad zu verbessern, auch wenn man das dort, wo es ohne zu großem Aufwand möglich ist, tun muß.

Die Intensivierung der Rohstoffverarbeitung kann jedoch auch auf anderen Wegen erfolgen.

Ein Blick auf die Geschichte der Braunkohleverarbeitung zeigt ein enges Wechselverhältnis zwischen den spezifischen Eigenschaften des Rohstoffes, den verfahrenstechnischen Möglichkeiten und den gesellschaftlichen Bedürfnissen der entsprechenden historischen Periode.

Die Intensivierung der Kohlenstoffträgerverarbeitung ging mit einer sich ständig verbessernden Übereinstimmung der Verfahrensergebnisse mit den gesellschaftlichen Bedürfnissen einher. Dabei sind 2 Tendenzen feststellbar:

1. Fortschreitende Anpassung der Verfahren an die Anwenderforderungen — also *anwendergerechte Verfahren.*

Ein typisches Beispiel ist die Synthesegasherstellung, die genau auf einen spezifischen Anwendungszweck gerichtet war.

2. Aufdeckung neuer Möglichkeiten, die Produktpalette bedarfsgerecht zu erweitern, insbesondere dadurch, daß unerwünschte Abprodukte als Nutzprodukte eingesetzt werden können oder durch Erschließung neuer Anwendungsgebiete sogar zu Zielprodukten werden.

Beispiele dafür sind die Verwendung von Schwelteer zur Herstellung von Elektrodenkoks, die gegenüber der früher üblichen Hydrierung zu einer beträchtlichen Gebrauchswertsteigerung führt und die Gewinnung von Phenol aus dem Schwelwasser, die ein bereits historisches Beispiel für die Aufarbeitung eines Schadstoffes zu einem Zielprodukt darstellt.

Große Reserven liegen in der tieferen Spaltung des Erdöls. Die Nutzung dieses Rohstoffes kann man zur Gewinnung von organischen Grundstoffen und Kraftstoffen in 4 Verarbeitungskonzeptionen einteilen:

— nur die atmosphärische Destillation von Erdöl,
— zusätzlich die Vakuumdestillation des atmosphärischen Rückstandes,
— zusätzlich die hydrierende Verarbeitung von Destillatfraktionen,
— zusätzlich die spaltende Verarbeitung von höher siedenden Erdölfraktionen.

Nach der 1. Konzeption erfolgt eine technisch einfache und wenig aufwendige Abtrennung von ca. 30—50% des Erdöls, die zu Kraftstoffen usw. verarbeitet werden können.

Mit jedem der genannten zusätzlichen Prozesse gelingt eine bessere Ausnutzung des Erdöls für stoffwirtschaftliche Zwecke und Kraftstoffe, bis schließlich die spaltende Verarbeitung auch die letzten flüssigen Bestandteile für die stoffwirtschaftliche Nutzung aufschließt und als fester Rückstand Koks zurückbleibt. Jede dieser Prozeßstufen ist aber auch mit Wirkungsgradverlusten und steigenden Investitionsaufwendungen verbunden.

In der größtmöglichen Übereinstimmung von technischen Möglichkeiten mit den gesellschaftlichen Bedingungen und Forderungen sehen wir entscheidende Reserven zur Intensivierung der Kohlenstoffträgerverarbeitung. Diese Überlegung trifft übrigens auch auf alle anderen Rohstoffe zu.

Die Ausführungen über die bessere Nutzung der gegenwärtig vorhandenen fossilen Kohlenstoffträger möchte ich mit der Feststellung abschließen, daß wir durch *optimalen Einsatz dieser Rohstoffe und Intensivierung ihrer Verarbeitung* bedeutende Reserven erschließen können. Es muß uns aber ebenso klar sein, daß wir *allein damit* die langfristige Versorgung einer sich dynamisch entwickelnden Volkswirtschaft nicht sichern werden.

Einsatz neuer Energie- und Kohlenstoffträger

Die Möglichkeiten der Erzeugung von Gebrauchsenergie und Chemierohstoffen können am besten im Verhältnis zum gesellschaftlichen Bedarf beurteilt werden.

Die jährliche Fördermenge von Braunkohle wird durch einige Faktoren begrenzt:

— *Erstens* erlauben unsere technischen und ökonomischen Mittel nur eine bestimmte Jahresförderung. Dazu machte KM Stzrodka in seinem Vortrag „Zur Rohstoffversorgung der DDR" sehr deutlich, daß die Braunkohlegewinnung immer größere volkswirtschaftliche Anstrengungen verlangt.

— *Zweitens* dürfen wir auch nicht außer acht lassen, daß nach dem Ende der „Erdölepoche“, die, unserem heutigen Erkenntnisstand nach, nur ein historisch relativ kurzer Abschnitt der technischen Entwicklung der Menschheit sein wird, noch Kohle vorhanden sein muß.

— *Drittens* muß die Erweiterung und auch die Einschränkung bzw. Einstellung der Braunkohleförderung technologischen und ökonomischen Grundsätzen folgen. Es ist weder eine schlagartige Steigerung der Förderung möglich noch ein plötzlicher Abbruch ökonomisch vertretbar. Vielmehr müssen wir von einer langjährigen Auslaufkurve ausgehen, die u. a. die Nutzungsdauer der Fördergeräte und der Verarbeitungsanlagen berücksichtigt.

Die Importmenge von Erdgas und Erdöl ist aus bekannten Gründen ebenfalls begrenzt.

Daraus geht hervor, daß bereits ab 1980 verstärkt weitere Energieträger eingesetzt werden müssen.

Dafür bieten sich regenerierbar — und deshalb vorteilhaft scheinend —
- die Sonnenenergie,
- die Windenergie und
- die energetische Verwertung der landwirtschaftlichen Biomasse

an.

Unter den nicht regenerierbaren sind die Steinkohle und die Kernenergie zu nennen.

Die Nutzung der Sonnen- und Windenergie ist in den letzten Jahren sehr oft diskutiert worden. Unter den geographischen Bedingungen der DDR wird die Energiegewinnung aus diesen Quellen jedoch keinen entscheidenden Beitrag zur Gesamtenergiebilanz leisten können. Das gilt auch für die energetische Verwendung von Biomassen.

Im Vortrag vor dem Plenum über die Bedeutung und den Einfluß der Chemie auf die Entwicklung der industriemäßigen Produktion der Landwirtschaft sind wir auf die Frage der Nutzung landwirtschaftlicher Produkte als Rohstoffe für die Energie- und Stoffwirtschaft eingegangen, so daß ich hier nur wenige Bemerkungen zu machen brauche.

In (Abb. 8) sind die bisher bekannten Möglichkeiten des Einsatzes von Biomassen zur Erzeugung von Energie und chemischen Grundstoffen dargestellt. Wir hatten in unserem Vortrag aber auch feststellen müssen, daß durch das Fehlen energiesparender Aufschlußverfahren für die verbreitetste landwirtschaftliche Kohlenstoffquelle, die Cellulose, und wegen der geringen Flächendichte und Geschwindigkeit der Produktion von Pflanzenmaterial ein industrieller Einsatz z. Z. nur unter besonderen Bedingungen zweckmäßig ist. Die Landwirtschaft der DDR erzeugt jährlich rund 30 Mio t Trockenbiomasse. Selbst wenn wir davon die Hälfte energetisch verwenden würden, entspräche das nur ungefähr 8—10% unseres Primärenergieaufkommens. Die Vorteile durch die Entlastung der Energiebilanz würden aber wohl kaum ausreichen, um die Nachteile auszugleichen, die für die Le-

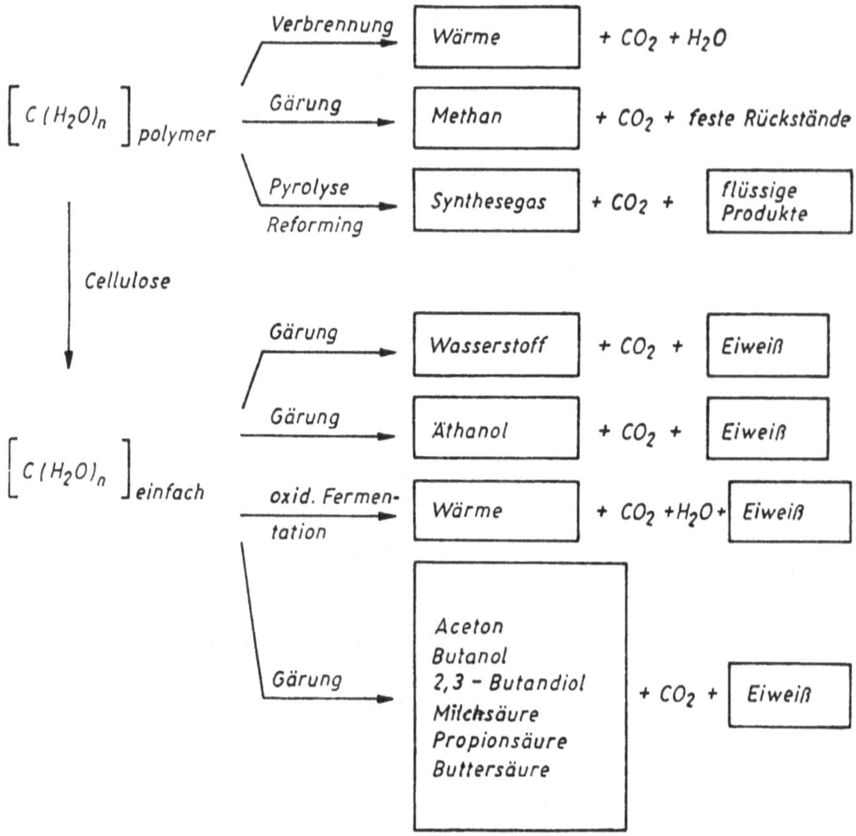

Abb. 8 Möglichkeiten des Einsatzes von Biomassen
Böhme, Keil, Philipp, Ringpfeil, Bedeutung und Einfluß der Chemie auf die Entwicklung der industriemäßigen Produktion der Landwirtschaft. Vortrag vor dem Plenum der Akademie der Wissenschaften der DDR am 13. 4. 1978.

bensmittelproduktion entstünden. OM Burkart Philipp wird in einem Vortrag über die Nutzung des Holzes sicher näher auf dieses Problem eingehen.

Die überschlägliche Rechnung charakterisiert die gegenwärtige Bedeutung der regenerierbaren Energieträger im allgemeinen. Diese Einschätzung bedeutet nicht, daß Sonnen- und Windenergie sowie die energetische Verwendung von Biomassen grundsätzlich unbedeutend wären, sie werden sicher örtliche Bedeutung erlangen. Ihre Rolle müssen wir jedoch immer unter dem Aspekt betrachten,

- daß die Nutzung dieser Energien relativ hohen Fondsaufwand erfordert und
- daß diese Energiequellen unmittelbar oder mittelbar begrenzt sind und deshalb mit steigendem Gesamtenergieverbrauch einen relativ sinkenden Anteil am Aufkommen ausmachen werden.

Wenn wir von der Entwicklung des Braunkohle- und Erdölaufkommens ausgehen, müssen wir, auch wenn wir eine geringere Entwicklung des Energieverbrauches als bisher annehmen, etwa ab 1990 verstärkt Kernenergie einsetzen.

Dazu möchte ich noch einige Bemerkungen machen, weil auch in diesem Fall durchaus andere Auffassungen möglich sind.

Die Steinkohlereserven sind wesentlich größer als die aller anderen fossilen Kohlenstroffträger zusammen. Überdies befindet sich ein bedeutender Teil von ihnen auf dem Gebiet des RGW. Es liegt sehr nahe, der Steinkohle die Rolle des zukünftigen universellen Energie- und Kohlenstoffspenders übertragen zu wollen.

Der Einsatz von Steinkohle ist für die DDR jedoch mit einigen Problemen verbunden:

- Wir besitzen keine Steinkohlevorkommen.
- Wir verfügen gegenwärtig über keine nennenswerten Kapazitäten zur Steinkohlenverarbeitung und müßten sie langfristig aufbauen.
- Der Transport der Steinkohle ist aufwendig. Über weite Entfernung ist gegenwärtig nur der Schifftransport rentabel.
- Die Steinkohleimporte würden die Wirtschaftskraft der DDR erheblich belasten, ohne daß Steinkohle die entscheidenden Produktivitätsvorteile des Erdöls und Erdgases bietet.

Hier bietet sich eine Beteiligung an Investitionen zur Erschließung und Verarbeitung von Steinkohlen im Rahmen des RGW an und der Bezug von organischen Grundstoffen, die als flüssige oder gasförmige Produkte leichter, z. T. vielleicht in den bestehenden Transportsystemen transportiert werden könnten. Dabei soll nicht unerwähnt bleiben, daß die AdW der UdSSR ihr großes Interesse an der Zusammenarbeit auf dem Gebiet der Carbochemie zum Ausdruck gebracht hat.

Wie bereits bei der Untersuchung der Substitutionsmöglichkeiten zwischen Braunkohle und Erdöl wird auch hier deutlich, daß die Ausnutzung technischer Möglichkeiten von den konkreten Bedingungen der Volkswirtschaft abhängt.

Welche Wirkung wird die verstärkte Anwendung der Kernenergie auf die Verarbeitung fossiler Kohlenstoffträger haben?

Die Kernenergie wird, das liegt in der Natur der Sache, zunächst die *Energiesituation* entlasten.

Wenn die Braunkohle das Erdöl aus seinen energetischen Funktionen verdrängen soll, müssen sich später notgedrungen zwei Tendenzen überlagern:

Die Braunkohle ersetzt das Erdöl bei der Elektroenergie- und Fernwärmeerzeugung und wird zunehmend selbst von der Kernenergie substituiert. Dadurch wird zunächst Erdöl, später aber auch Kohle, für die stoffwirtschaftliche Verwendung frei.

Wann diese Etappen ablaufen, hängt in erster Linie von der Steigerungsrate der Kernenergieerzeugung ab.

Unser *erstes* Ziel muß sein, so viel Kernenergie bereitzustellen, daß der *Zuwachs* des Energieverbrauchs gedeckt werden kann.

Die *zweite* Stufe wird die schrittweise Freisetzung von Kohle und Erdöl sein, indem die Kernenergie nicht nur den *Zuwachs* an Gebrauchsenergie sichert, sondern bisherige Energieträger — die fossilen Kohlenstoffträger — substituiert.

Die *dritte* Stufe besteht in der stoffwirtschaftlichen Nutzung der freigesetzten Kohle, die volkswirtschaftlich besonders vorteilhaft erscheint, wenn der stoffliche Wirkungsgrad der Braunkohleverarbeitung durch Bereitstellung von nuklearer Prozeßwärme verbessert werden kann. Dabei lassen sich die in (Abb. 9) gezeigten guten Gesamtwirkungsgrade erreichen.

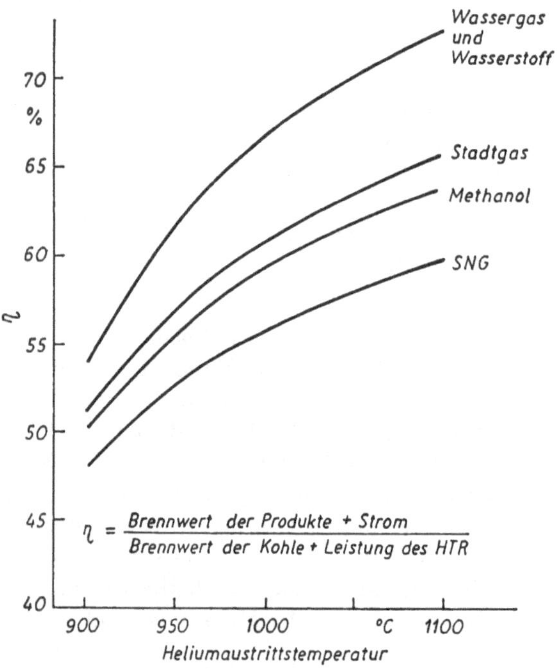

Abb. 9 Wirkungsgrade der Braunkohleverarbeitung bei Nutzung nuklearer Prozeßwärme
Eigene Berechnungen.

Jede dieser Stufen erfordert eine *Zunahme* des Entwicklungstempos der Kernenergieerzeugung und nicht bloß etwa die Fortsetzung einer schon erreichten Zuwachsrate.

Die Kopplung von Kernenergie und Braunkohle wird der Volkswirtschaft auch nach der Erschöpfung der Erdölreserven eine Basis geben, wenn Energie durch Kernkraft und Chemiegrundstoffe durch die Kohle bereitgestellt werden.

Das stellt auch der Präsident der AdW der UdSSR, AM Alexandrow, in seinem Artikel zu den Perspektiven der Energiewirtschaft im ND[3] fest.

Er brachte zum Ausdruck, daß es noch nicht zu spät sei, mit einer Umgestaltung der Energiewirtschaft zu beginnen und behandelt sowohl die Kernenergetik und die umfassendere Nutzung der Kohle als auch die Entwicklung des Erdöls und des Erdgases und spricht in diesem Zusammenhang von einer Übergangsperiode.

Wenn wir von dem voraussichtlichen Termin der Erschöpfung unserer Braunkohlenreserven zurückrechnen, kommen wir zu dem Schluß, daß zwischen 1990 und 2000 das letzte Braunkohlengroßkraftwerk gebaut werden wird. Ein solches Kraftwerk verbraucht bei einer Leistung von 1 000 MW stündlich etwa 1 200 t Rohbraunkohle und benötigt für eine 30jährige Betriebszeit eine Lagerstätte von 250 Mio t Braunkohle.

Die erforderlichen Projektierungs- und Aufschlußarbeiten müßten noch in diesem Jahrzehnt beginnen.

Zu diesem Zeitpunkt muß aber auch spätestens feststehen, welcher Teil der Braunkohle für eine stoffwirtschaftliche Nutzung erhalten bleiben muß.

Wenn nach 1990—2000 keine Kohlekraftwerke gebaut werden, liegt auf der Hand, daß spätestens zu diesem Zeitpunkt die Kernkraftwerke den Zuwachs an Elektroenergie und Fernwärme sowie die beginnende Stillegung veralteter Braunkohlekraftwerke abfangen müssen.

Da Kernkraftwerke gegenwärtig teurer sind als Braunkohlenkraftwerke, wir überdies bei verstärktem Einsatz von Kernkraft eine entsprechende Instandhaltungs- und Entsorgungsindustrie sichern müssen, die bisher noch nicht in diesem Umfang nötig war, ist am Ende dieses Jahrzehntes mit einer hohen Belastung der Volkswirtschaft durch Investitionen zu rechnen, worauf wir uns heute schon vorbereiten müssen.

Die bisherigen Betrachtungen bezogen sich vornehmlich auf die Sicherung des *Energie*verbrauches. In welchem Maße ist der Einsatz weiterer *Kohlenstoffträger* erforderlich und möglich? Grundsätzlich muß auf die Relation hingewiesen werden, die zwischen dem energetisch und dem stoffwirtschaftlich eingesetzten Anteil von fossilen organischen Kohlenstoffträgern besteht.

Daraus ergibt sich, daß bereits eine geringfügige Verschiebung der Verwendungsverhältnisse zu einem relativ großen Mehraufkommen für die stoffwirtschaftliche Verwendung führen kann.

Zunächst liegen also dort die Reserven der Stoffwirtschaft. Als *Stoff*lieferant spielt übrigens — wegen der geringeren Mengendimensionen — die Landwirtschaft eine bedeutende Rolle. Die landwirtschaftlichen Produkte werden, wie auch in allen vergangenen Epochen, eine bedeutende Reserve der Stoffwirtschaft bleiben.

Eine wohl unerschöpfliche Quelle für die Bereitstellung von Kohlenstoff können die fossilen anorganischen Kohlenstoffträger sein, aus denen man eine CO_2-Chemie aufbauen könnte.

Ich möchte darauf hinweisen, daß die recht großen Weltkohlevorräte vergleichsweise klein sind gegenüber der Kohlenstoffmenge, die in den Kalk- und Dolomitgebirgen der Erde gespeichert ist. Eine Ausweitung der Kohlenstoffgewinnung auf diese Vorräte wird neue Perspektiven eröffnen, die allerdings jetzt noch nicht real eingeschätzt werden können.

Die bessere Ausnutzung der zur Verfügung stehenden Rohstoffe, die Verringerung der Wandlungsverluste bei den Prozessen der Energie- und Stoffwirtschaft und der Einsatz weiterer Energieträger helfen uns, das mögliche *Aufkommen* zu steigern. Die andere Seite der Aufkommens- und Bedarfsproblematik ist die Verringerung des *Bedarfes.*

Zur Verringerung des Bedarfes an Gebrauchsenergie und Chemierohstoffen

Dafür sehen wir u. a. folgende Möglichkeiten:
- Verringerung der spezifischen Verbräuche
- Veränderungen in der Wirtschaftsstruktur
- Veränderung der Verbrauchsgewohnheiten.

Für die Verringerung der spezifischen Energie- und Materialaufwendungen bestehen konkrete, in den Plänen der Volkswirtschaft enthaltene Zielstellungen, für deren Erreichung vielfältige wissenschaftlich-technische Maßnahmen notwendig sind.

Diese Ziele werden erreicht, wenn die Energie- und Materialeinsparung auf neuen technologischen und konstruktiven Lösungen begründet ist, also auf dem wissenschaftlich-technischen Fortschritt. Diese erfordern im allgemeinen Aufwendungen an Rationalisierungsmitteln und Investitionen.

Hier gilt es, zwei gegensätzliche Faktoren zu beachten. Einerseits erfordern technologische Änderungen oft hohe Aufwendungen, so daß die volkswirtschaftlichen Möglichkeiten die technologischen Erfodernisse beschränken, andererseits führen Rationalisierungsmaßnahmen häufig zu großen Einsparungen. Das trifft auf die rationelle Energieanwendung besonders zu.

Die Bereitstellung von Investitionen bedeutet stets auch die Bereitstellung von Energieäquivalenten für diese Grundmittel. So ist in den Anlagen eines Kernkraftwerkes so viel Gebrauchsenergie vergegenständlicht, daß das Kraftwerk etwa ein Jahr benötigt, um der Volkswirtschaft die vorgeschosssene Energiemenge zurückzuliefern. Diese — sagen wir — *„energetische Rückflußdauer“* von Investitionen und Rationalisierungsmaßnahmen wird eine wichtige Größe für die Konzipierung grundsätzlicher Lösungen der rationellen Energieanwendung werden.

Ein Blick auf den Nutzensnachweis energiewirtschaftlicher Rationalisierungsmaßnahmen zeigt, daß Anlagen zur Nutzung von Abwärme, Investitionen zur Wärmedämmung u. a. wesentlich effektiver sein können als Maßnahmen zur extensiven Erweiterung unserer Energiebasis. Solche Rationalisierungsmaßnahmen sind also *„relative Energieerzeuger“*. Wir stellen dazu eine einfache Rechnung an:

Im Bereich des MfC brachten 1976 10 Mark einmaliger Rationalisierungsaufwand eine Energieeinsparung von 1 GJ pro Jahr. Genausoviel kostete diese Energie, wenn wir sie als Erdöl einführten.

Allerdings gibt es zwischen Rationalisierung und Rohstoffimport zwei Unterschiede:

1. Für den Import der Energieträger müssen wir Valuten oder entsprechende Äquivalente ausgeben;

2. müssen wir diese Ausgabe jährlich wiederholen.

Im weiteren Sinne treten hier die bekannten, aber noch nicht ausreichend geklärten Probleme des Verhältnisses zwischen einmaligem und laufendem Aufwand auf.

Wir halten es für ein wichtiges Problem der Energieversorgung, wie innerhalb der Volkswirtschaft die strukturellen Zusammenhänge zwischen Import von Energie und Export von Erzeugnissen des Anlagenbaues gestaltet wird.

Denn Anlagenexport bedeutet

- Export „vergegenständlichter" Energie und in vielen Fällen
- Export von Rationalisierungsmitteln.

Diese Zusammenhänge sind für den Chemiker und Verfahrenstechniker im Einzelfall schwer überschaubar. Da wir nur durch eine komplexe volkswirtschaftliche Betrachtungsweise zu den notwendigen Lösungen kommen, ist auch hier eine interdisziplinäre Zusammenarbeit die Voraussetzung.

Wenn wir von der Nutzung der Systemvorzüge des Sozialismus sprechen, werden gerade auf dem Gebiet rationeller Energie- und Rohstoffanwendung große Reserven sichtbar. Wir müssen sie nur wesentlich besser nutzen.

Ein wichtiger Schritt zur Energie- und Rohstoffeinsparung ist die Erhöhung der Qualität, Langlebigkeit und Zuverlässigkeit der Erzeugnisse. Durch verbesserte Materialien ist z. B. eine weitere Entwicklung des Leichtbaues möglich. Das führt nicht nur bei der Herstellung, sondern auch bei allen folgenden Transportprozessen, der Montage und der Erhaltung zu Einsparungen.

Die Erhöhung der Lebensdauer hat noch größere Bedeutung. Es ist einleuchtend, daß es nicht ausschließlich darum gehen kann, die Kosten, insbesondere den Material- und Energieaufwand zur Produktion eines hochwertigen Industrieerzeugnisses, um 5% zu senken, sondern darum, diese Konsumgüter nicht nur 5 Jahre, sondern die mehrfache Zeit effektiv verwenden zu können. Das verlangt in erster Linie eine andere Qualität der Produkte, aber auch andere Denkweisen in der individuellen, der gesellschaftlichen und produktiven Konsumtion.

Wegwerfideologie oder sinnvolle Verwendung von Energie und Material?

Ich möchte diesen Gedankengang etwas weiter ausführen und einige Bemerkungen zur Veränderung der Verbrauchsgewohnheiten machen.

Die kapitalistische Produktionsweise ist auf maximalen Profit orientiert. Daraus resultiert für den Kapitalismus völlig folgerichtig die Wegwerfideologie. Diesen Weg *müssen* wir aber nicht gehen, und wir dürfen ihn auch nicht gehen. Die sozialistischen Produktionsverhältnisse begründen auch sozialistische Verteilungs-

und Konsumtionsverhältnisse. Wenn wir unsere Verbrauchsgewohnheiten beurteilen, müssen wir aber feststellen, daß noch viele, ja zu viele geschichtlich überholte und gesellschaftlich nicht optimale Verhaltensweisen vorhanden sind.

Um ein Beispiel zu nennen:

Auf dem Gebiet des Personentransportes erscheinen gesellschaftliche an Stelle individueller Lösungen zweckmäßiger. (Abb. 10) zeigt den unterschiedlichen Energieverbrauch für verschiedene Möglichkeiten der Personenbeförderung. Wir wollen dieses Beispiel nicht bis in seine technischen und organisatorischen Details diskutieren, denn es soll nur das Anliegen verdeutlichen. Und das besteht darin, daß uns der Sozialismus sowohl von seiner materiellen Basis als auch von seinem ideologischen Überbau her gute Möglichkeiten bietet, *größtmögliche Bedürfnisbefriedigung mit sinnvollster Energie- und Rohstoffausnutzung zu verbinden.* Die Absage an Energie- und Materialverschwendung bedeutet keinesfalls die Verbreitung einer Mangelwirtschaft.

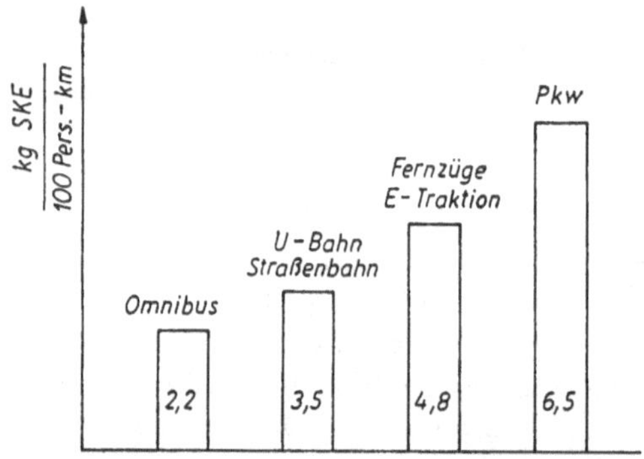

Abb. 10 Energieaufwand für verschiedene Arten der Personenbeförderung
Aus „IPW-Berichte“ 11/79, Staatsverlag der DDR.

Zu dieser Frage gehört auch die bessere Erfassung und Nutzung der sogenannten Sekundärrohstoffe. Wie günstig sich Stoffkreisläufe nicht nur bei den Rohstoffbilanzen, sondern auch energetisch auswirken, zeigte OM Werner Lange in seinem Vortrag über „Werkstoffe und Energie“. Er wies nach, wie stark der Energieaufwand sinkt, wenn Sekundärrohstoffe als Ausgangsprodukte eingesetzt werden, die Stoffe also nicht erst gebildet werden müssen. Es wurde auch deutlich, wie wichtig es ist, bei der Auswahl der Werkstoffe den Energieaufwand zu ihrer Herstellung zu berücksichtigen.

Deshalb erscheint es uns notwendig, daß jeder Produzent eines Stoffes oder Erzeugnisses in wesentlich stärkerem Maße als bisher nicht nur die Verantwortung für die Qualität des Erzeugnisses trägt, sondern auch eine gesellschaftliche Verantwortung für den richtigen Einsatz bzw. die Anwendung der Produkte und ebenso für die Erfassung und volkswirtschaftlich günstige Weiterverwendung nach ihrem Ausscheiden aus der Nutzung. Dadurch würde bei der Herstellung einer Ware von Anfang an „wiederverwendungsfreundlich“ gearbeitet werden.

Zum Einfluß der Wirtschaftspolitik

Je teurer Energie und Rohstoffe werden, desto besser müssen sie ausgenutzt werden. Das bedeutet vor allem:

Desto höher müssen sie *veredelt* werden.

Das wird auch Konsequenzen für unsere Wirtschaftsstruktur haben.

Die Energie- und Rohstoffsituation legt uns folgende Schlußfolgerungen nahe:

- In der DDR sollten vorrangig Industrien zum höchsten Leistungsniveau entwickelt werden, die wenig Material- und Energieaufwand erfordern und zu hochwertigen und hochveredelten Produkten führen.
  Auf dem Gebiet der Chemie sind das vor allem Zwischenprodukte, Pflanzenschutzmittel, Pharmazeutika, Farbstoffe, technische Hilfsstoffe und Veredlungsmittel, Spezialpolymere, Haushaltschemikalien, Kosmetika usw. usf. — also Produkte, die wir mit breiten Anwendungsspektren und in vielfältigen Sortimenten herstellen können.
- Die Struktur der Volkswirtschaft sollte besonders den Umstand beachten, daß die Werktätigen der DDR über eine ausgezeichnete Qualifikation und Berufserfahrung verfügen, also, um einen Terminus von Marx zu gebrauchen, *komplizierte Arbeit* leisten können. Die Produktionserfahrung der Werktätigen unseres Landes, die sich im Laufe von Generationen herausgebildet hat, ist ein großer universeller Schatz, den es besonders bei der effektivsten Nutzung und hohen Veredelung eigener und importierter Rohstoffe zu nutzen gilt. In diesem Sinne verstehen wir die Bemerkung von Günther Mittag auf dem 11. Plenum des ZK der SED:
  „Das schöpferische Wirken von Hunderttausenden hochgebildeten, erfahrenen wissenschaftlich-technischen Kadern ... muß noch in ganz anderer Weise zum Ausgangspunkt qualitativer Veränderungen in der Technologie, der Qualität der Erzeugnisse, der Struktur der Produktion mit dem Ziel der höchsten Effektivität werden."

Diese Vorstellungen schließen ein, daß es aus den verschiedensten Gründen nach wie vor erforderlich sein wird, viele Grundstoffe selbst herzustellen, auch solche, die energie- und stoffintensiv sind.

Zusammenfassend kann man feststellen:

Die ausschließlich technischen Möglichkeiten zur Sicherung unserer Energie- und Rohstoffversorgung sind nur *ein* Faktor zur Lösung der Probleme. Vorhandene Anlagen erlauben begrenzte Wirkungsgradverbesserungen.

Neue Anlagen müssen sich stets in bereits Vorhandenes einfügen. Dies trifft auf die Energie- und Grundstoffindustrie zu und schränkt in gewisser Weise die Anwendung technischer Möglichkeiten ein.

Das gilt besonders für die vorhandenen Braunkohlenverarbeitungsverfahren, während auf dem Gebiet der Erdölverarbeitung durch neue Anlagen und Verfahren noch größere Reserven erschlossen werden können.

Eine aussichtsreichere Möglichkeit zur Intensivierung der Verarbeitung fossiler

Kohlenstoffträger bietet die optimale Verteilung von Braunkohle und Erdöl bzw. Erdgas auf die spezifischen Verwendungszwecke. Hier kann die Entwicklung neuer Verfahren der vertieften Erdölverarbeitung mit Strukturentscheidungen effektiv verbunden werden.

Neben der intensiveren Nutzung dieser Rohstoffe muß die Entwicklung der Kernenergie stehen.

Mit der Ausschöpfung aller Möglichkeiten der Aufkommenserhöhung muß eine Senkung der spezifischen Verbräuche einhergehen.

Diese Aufgabe stellt uns vor das Problem, einen volkswirtschaftlich optimalen Weg zwischen Energie- und Rohstoffverbrauch bei dem Anwender und den Aufwandsveränderungen bei dem Erzeuger zu finden. Hierzu sind zunehmend grundsätzliche, volkswirtschaftlich optimale Lösungen erforderlich. Die Ausnutzung qualitativer Faktoren, wie Qualitätserhöhung, Steigerung der Zuverlässigkeit und der Lebensdauer, Erhöhung des Gebrauchswertes bietet den Ansatzpunkt hierfür. Schließlich liegen große Reserven in der Entwicklung von Verbrauchsgewohnheiten, die den objektiven Umständen und den Möglichkeiten der sozialistischen Gesellschaftsordnung entsprechen.

Alle diese Möglichkeiten müssen *gemeinsam* genutzt werden. Die energiewirtschaftliche und stoffwirtschaftliche Sicherung der weiteren Entwicklung der DDR, die stets in einer Verbindung vom wirtschaftlichen und sozialen Fortschritt bestehen wird, ist wegen dieses Zusammenwirkens vieler Notwendigkeiten kein technologisches oder verfahrenstechnisches Problem allein, sondern eine gesellschaftliche Aufgabe der gesamten Wissenschaft, an der viele wissenschaftliche Disziplinen mitarbeiten müssen.

Anmerkungen

1 Ich möchte den zahlreichen Kollegen des Forschungsbereiches Chemie, vor allem denen des Instituts für chemische Technologie, danken für die vielen Einzeluntersuchungen, die notwendig waren, um die verallgemeinerten Aussagen machen zu können, wobei ich auf die speziellen Ergebnisse bewußt nicht eingehe.
Insbesondere danke ich Dipl.-Ing.-Ök. Apelt, Dr. rer. nat. Großmann, Dipl.-Ing.-Ök. Grübler, Dr. rer. nat. Klare, Dipl.-Ing. Müller, Dr. Ing. Pelagalli und Dr. agr. Schulz.
Ich möchte auch den Mitgliedern der Akademie danken, die mich durch Hinweise und Anregungen unterstützten, was dazu beitrug, daß einige Punkte des Vortrages gegenüber den vorgelegten Thesen verbessert werden konnten.

2 Wenn wir diesen Gedanken fortführen, erscheint eine Kohle-Erdöl-Verbundwirtschaft möglich, in der die Kohle die energetische Versorgung der stoffwirtschaftlichen Erdölverarbeitungsprozesse übernimmt, also der Übergang von autothermen Erdölverarbeitungsprozessen zu allothermen Erdölverarbeitungsprozessen durch Einführung von Prozeßwärme aus Braunkohleprozessen, die auch über Kernenergie gebracht werden könnte, was zur Schonung der Braunkohlevorräte führen würde.

3 ND vom 21./22. April 1979.

Siegfried Nowak

Diskussionsbeitrag

Gestatten Sie mir einige Anmerkungen und Ergänzungen zum Vortrag. Die Ausführungen, mit denen ich voll inhaltlich übereinstimme, zeigten die wesentlichsten Entwicklungstendenzen auf dem Gebiet der Verwertung fossiler Kohlenstoffträger und insbesondere unserer einheimischen Braunkohle. Ich möchte hier die Aussage unterstreichen, daß die Herausarbeitung einer einheitlichen Strategie über die optimale Nutzung der importierten wie einheimischen organischen Rohstoffe eine jetzt erforderliche Grundvoraussetzung für die Lösung unserer langfristigen Energie- und Rohstoffprobleme ist. Die Notwendigkeit, die Erdölverarbeitung bis zum Jahre 1985 auf dem Niveau des Jahres 1980 zu belassen, erfordert nicht nur den sparsamsten Umgang mit dem importierten Erdöl, sondern erfordert ganz zwingend verbesserte und neue Verarbeitungstechnologien für das Erdöl, schrittweise Substitution von Erdöl durch andere Rohstoffe und damit auch veränderte Entwicklungskonzeptionen in anderen Bereichen der Volkswirtschaft. Da dieses Gebiet im Vortrag nur gestreift wurde, gestatten Sie mir einige Ergänzungen zu diesen Fragen.

Wir haben von dem Fakt auszugehen, daß die Erdölverarbeitung in den Jahren 1980—1985 pro Jahr 19 Mio t nicht überschreiten wird. Der weitgehend konstanten Erdölverarbeitung stehen aber hohe Zuwachsraten an Chemieprodukten wie beispielsweise den Plasten, Elasten, Farbstoffen, Pflanzenschutzmitteln, Waschmitteln u. a. sowie eine sich rasch entwickelnde Motorisierung gegenüber. Während die Chemieprodukte Wachstumsraten von ca. 7% aufweisen, werden für die Zunahme an Personenkraftwagen die folgenden Zahlen ausgewiesen:

Anzahl der PKW

1975	1,9 Mio Stück
1980	2,7 „
1985	3,8 „

Die Gewinnung der genannten Chemieprodukte wie die Erzeugung von Treibstoffen für die Motorisierung erfolgt in der DDR fast ausschließlich auf Basis von Benzinfraktionen des Erdöls, die im importierten Erdöl nur in einer Menge von ca. 15—18% enthalten sind. Wollte man den künftigen Bedarf für die Chemie und die Motorisierung weiterhin auf Basis von Benzinfraktionen decken, dann müßten im Jahre 1985 etwa 30 Mio t Erdöl importiert werden. Eine Forderung, die sich aus ökonomischen Gründen wie aus Gründen der Verfügbarkeit von Erdöl auf dem Weltmarkt nicht realisieren läßt. Für die Volkswirtschaft der DDR erhebt sich daher ganz aktuell die Frage, entweder die Wachstumsraten zu drosseln oder die vorhandene Erdölsubstanz intensiver und rationeller zu nutzen. Die Aufgabe besteht darin, das importierte Erdöl in weitaus stärkerem Maße als bisher für den stofflichen Einsatz zu verwenden und den Anteil für die Energieerzeugung drastisch zu reduzieren.

Welche Möglichkeit haben wir dabei?

Zur Zeit wird das Erdöl in unserer Republik zu etwa 14% für stoffwirtschaftliche Zwecke genutzt. Die verbleibenden 86% werden zu etwa 35% in Form von Vergaser-, Diesel- und Flugturbinenkraftstoff und der Rest als Heizöl verbrannt. Die Lösung kann nur darin bestehen, durch Entwicklung und Einführung neuer Verarbeitungstechnologien die hochsiedenden Anteile des Erdöls, die bisher energetisch genutzt werden, in organische Grundstoffe und in sogenannte helle Produkte (Benzin- und Dieselölfraktionen) zu wandeln. Ein solcher Strukturwandel in der Erdölverarbeitung ist durch den geplanten Aufbau eines Spalt- und Aromatenkomplexes und durch Rationalisierungsvorhaben vorgesehen. Einige Institute des Forschungsbereiches Chemie sind im Rahmen von Staatsplanthemen an der Vorbereitung und Inbetriebnahme der vertieften Erdölverarbeitung durch Forschungs- und Entwicklungs-Arbeiten beteiligt. Ein solcher Weg erfordert erhöhte materielle und personelle Aufwendungen.

So ist der laufende Aufwand für die vertiefte Verarbeitung 1 t Erdöl etwa um den Faktor 5 höher als nach der bisherigen Verarbeitungstechnologie. Eine wesentliche Frage besteht darin, daß die bisher für die Energieerzeugung eingesetzten hochsiedenden Erdölfraktionen durch andere Energieträger, insbesondere durch Braunkohle, und zu einem späteren Zeitpunkt durch Kernenergie ersetzt werden müssen. Auch dafür sind erhebliche Investitionen in der Kohleförderung wie beim Aufbau zusätzlicher Kohlekraftwerke oder durch Reumstellungen von Heizölkraftwerken auf Kohle erforderlich. Ungeachtet dieser bereits eingeleiteten Entwicklung, sind weitere Wege und Untersuchungen notwendig, um die geplanten Zuwachsraten in der Volkswirtschaft zu gewährleisten und das teure Importerdöl noch rationeller zu nutzen oder zu substituieren. Eine solche Forderung betrifft nicht nur die Chemieindustrie, sondern alle Zweige der Volkswirtschaft. So gibt es bisher in unserer Republik ungenügende Bemühungen, den Treibstoffbedarf des VK-Motors drastisch zu senken. Mit unserer Entwicklung sind wir hier hinter dem internationalen Niveau zurückgeblieben. Eine andere Richtung, die international gegangen wird, ist die Entwicklung und der Einsatz von Diesel-PKW-Motoren, die im Vergleich zum VK-Motor gleicher Leistung nur etwa 70% des Treibstoffbedarfes desselben erfordern. Hinzu kommt, daß sich Dieselkraftstoff kostengünstiger und nach einer weniger aufwendigen Technologie als VK herstellen läßt. Weitere Möglichkeiten, Benzinfraktionen einzusparen, ergeben sich durch Zugabe von Methanol zu VK-Treibstoffen, die sich im praktischen Betrieb gut bewährt haben. Die Substitution von Erdölsubstanz durch Methanol ist eine attraktive Möglichkeit, da sich dieses

Methanol relativ leicht und kostengünstig aus Kohle herstellen läßt. Alle diese Fragen sind für die Entwicklung in der DDR von hoher volkswirtschaftlicher Bedeutung und erfordern die Erarbeitung von langfristigen Konzeptionen und gleichermaßen auch kurzfristigen Entscheidungen. Die veränderte Rohstoffsituation zwingt auch zu neuen Überlegungen und Konzeptionen in weiteren Bereichen der Volkswirtschaft.

So ist beispielsweise die Frage zu untersuchen, ob der bisher eingeschlagene Weg der „Verdieselung" der Reichsbahn weiter gegangen werden kann und inwieweit die Elektrifizierung des Eisenbahnnetzes über die Kohle günstiger ist. Hier erheben sich solche Fragen, welche Voraussetzungen für die Elektrifizierung zu schaffen sind, wie z. B. Verfügbarkeit des notwendigen Kupfers bzw. die Gewährleistung des Oberleitungsbaues u. a. Eine ganze Reihe von anderen Problemen, wie die Weiterentwicklung des innerstädtischen Verkehrs, oder die weitere Entwicklung unseres Straßenbaues (Bitumen- oder Betonstraßen) stehen ganz aktuell vor uns und müssen entschieden werden. In jedem Falle sind es Fragen und Probleme, die eine komplexe Untersuchung durch unterschiedliche Wissenschaftsdisziplinen erfordern. Aus meiner Sicht ergibt sich hier ein interessantes und notwendiges Betätigungsfeld in der konzeptionellen Arbeit zwischen dem Natur- und Gesellschaftswissenschaftler. Die unterschiedlichen Einrichtungen der Akademie der Wissenschaften sollten sich diesen Fragen stellen und so zur langfristigen Konzeption unserer volkswirtschaftlichen Entwicklung und zur Sicherung unserer Rohstoffprobleme beitragen.

Das Zentralinstitut für organische Chemie wird in Zusammenarbeit mit anderen Instituten des Forschungsbereichs Chemie nicht nur zur Ausarbeitung von Studien zur optimalen Rohstoffnutzung beitragen, sondern wird zunehmend seine Kapazitäten auf Fragen der rationellen Verwertung einheimischer und importierter Rohstoffe konzentrieren. In enger Kooperation mit Einrichtungen der chemischen Industrie arbeiten wir an Fragen der vertieften Erdölverarbeitung wie an rationellen und effektiven Synthesen auf der Basis von Carbidacetylen, Synthesegas aus Braunkohle sowie von Zwischen- und hochveredelten Produkten.

Eine Besonderheit unserer Forschungen auf dem Gebiet der Carbochemie (für die wir zur Zeit noch aufwendige materiell-technische Voraussetzungen wie Hochdruckapparaturen und Bedingungen zur Arbeit mit toxischen Stoffen schaffen müssen) besteht nicht allein darin, hocheffektive Synthesen zu erarbeiten, sondern sie haben auch unter dem Aspekt zu erfolgen, daß die Synthesen den petrolchemisch determinierten Verarbeitungsstrukturen unserer chemischen Industrie angepaßt sein müssen.

Eine weitere Besonderheit der Forschungs- und Entwicklungsarbeiten auf dem Gebiet der vertieften Erdölverarbeitung und der Carbochemie besteht auch darin, daß für praxisrelevante Aussagen Anlagengrößen erforderlich sind, die in Akademieeinrichtungen nicht zu betreiben sind. Bei der weiteren Präzisierung unserer Arbeiten wird es deshalb darauf ankommen, in enger Kooperation mit Forschungseinrichtungen der chemischen Industrie eine zweckmäßige und sich ergänzende Arbeitsteilung auf den genannten Gebieten zu fixieren und zu realisieren.

Helmut Koziolek

Diskussionsbeitrag

Ich stimme mit dem, was hier vorgetragen wurde, weitgehend überein, möchte nur einige Probleme zusätzlich aufwerfen und auch sagen, womit ich nicht einverstanden bin. Ich glaube, die schwerste Frage ist wirklich die — hierin muß man Herrn Keil unbedingt zustimmen und dabei sind wir natürlich auch zur Zusammenarbeit bereit —, daß unsere Struktur viel stärker auch die Möglichkeiten unserer Rohstoff- und Energiewirtschaft berücksichtigen und nach ihnen profiliert werden muß. Ich glaube nur nicht daran, daß wir künftig mehr Rohstoffe und Halbfabrikate einführen können —, also sozusagen andere Länder mehr oder weniger als Billigwarenländer betrachten und auf dieser Grundlage die Rohstoffe hochveredeln können. Ich glaube, es bleibt nichts anderes übrig, als unsere einheimischen Rohstoffe und die verfügbaren Importe selbst wesentlich höher zu veredeln. Das möchte ich als erstes sagen. Wie die Dinge auch in der Weltwirtschaft stehen, können wir wohl kaum von einer anderen Annahme ausgehen; darin besteht ja auch die Erschwernis. Wenn Kollege Keil hier feststellt, daß wir uns in den Investitionen für die kommenden Jahre darauf einzustellen haben, muß ich allerdings sagen, daß wir bereits heute 60—65% unserer Industrieinvestitionen in der Energie- und Rohstoffwirtschaft einsetzen. Das ist natürlich ein enormer Anteil, und wir erwarten Ergebnisse daraus. Wir müssen ja letztlich Bedürfniskomplexe befriedigen und dies zunehmend besser. Wir können uns doch nicht dadurch retten, daß wir von einer Verbraucherpsychologie ausgehen, die die Entwicklung der Bedürfniskomplexe als abgeschlossen betrachtet. Ich halte das zwar für theoretisch interessant, aber nicht für machbar.

Jeder soziale Fortschritt erfordert heute ein wesentlich höheres Wachstum der Arbeitsproduktivität und der Effektivität als zu Beginn der siebziger Jahre. Deshalb tritt die volle Erschließung der qualitativen Faktoren des Wirtschaftswachstums noch stärker in den Vordergrund der gesamten Arbeit in allen Zweigen der Volkswirtschaft. Es kommt darauf an, aus dem Vorhandenen mehr zu machen; dies hängt unmittelbar mit dem Kampf um höhere Qualität zusammen und ist weitgehend verbunden mit einem hohen Veredlungsgrad der gesamten Produktion, und zwar auf jeder Stufe bis zum Endprodukt. Es ist keine Übertreibung, wenn festgestellt wird, daß die höhere Veredlung der Rohstoffe und Materialien eine grundlegende Aufgabe jedes Kombinats ist und daß daran auch seine wirkliche Leistung zur Bedarfsdeckung, zur Exportrentabilität, zur volkswirtschaftlichen Effektivität zum Ausdruck kommt.

Höchstmögliche Veredlung von Rohstoffen und Material bedeutet vor allem wirksamste Nutzung des geistigen und materiellen Potentials auf jeder Stufe der Arbeitsteilung und Kooperation. Ungenügende Veredlung bedeutet überhöhten Aufwand und Verlust am Nationaleinkommen. Natürlich besteht unter unseren gegebenen ökonomischen Bedingungen das Problem der höheren Veredlung in besonderem Maße darin, auf bestmögliche Weise mit den schwieriger gewordenen Bedingungen auf den Rohstoffmärkten, ja auf den Außenmärkten überhaupt fertig zu werden. Doch es handelt sich prinzipiell um einen Vorgang in historischen Dimensionen, der mit der Fähigkeit der menschlichen Arbeitskraft, dem von ihr entwickelten Stand der Wissenschaft, der Bildung, dem technischen und technologischen Niveau und seiner Umsetzung in Produkte für die Bedürfnisbefriedigung zusammenhängt. Für uns ist dieser Vorgang vor allem bestimmt durch die Verbindung der wissenschaftlich-technischen Revolution mit den Vorzügen des Sozialismus.

Zur allgemeinen Rolle der höheren Veredlung der Roh-, Werk- und Hilfsstoffe im Zusammenhang mit dem wissenschaftlich-technischen Fortschritt sowie mit dem Erfordernis, diesen Prozeß durch alle Stufen bis zum Endprodukt rationell zu vollziehen als auch zur Notwendigkeit, daß die Zweige der Produktion dabei wechselseitig aufeinander einwirken müssen, hat bereits Karl Marx vielfach hingewiesen; auch darauf, daß sich bei diesem Veredlungsvorgang qualitative Entwicklungen und quantitative Verbesserungen Hand in Hand vollziehen. So z. B. betont er in seiner Schrift „Grundrisse der Kritik der politischen Ökonomie“[1], daß die Vermehrung und Entwicklung der Produktivkräfte mit einer höheren Effektivität (Surpluswert) verbunden sein muß, daß dies die Möglichkeiten der Produktion und Konsumtion erweitert, daß damit neue Bedürfnisse befriedigt werden können und daß dies ein qualitativer Ausdruck der Wirksamkeit der lebendigen Arbeit ist. Marx betont weiter, daß die bessere Analyse und Nutzung der Natur erforderlich ist, um neue nützliche Eigenschaften der Dinge zu entdecken, sowohl um neue, brauchbare Gegenstände zu entdecken, wie neue Gebrauchswerteigenschaften der alten und neue Eigenschaften derselben als Rohstoffe usw.[2]

Höhere Veredlung von Roh- und Werkstoffen, oder was synonym ist, neue Erzeugnisse, Erzeugnisse mit höheren Gebrauchswerteigenschaften, Schließung der stofflichen Verkettung verbunden mit der vollen Nutzung der vorhandenen Energie- und Rohstoffenergie neue Technologien von hoher volkswirtschaftlicher Wirksamkeit, die den fortgeschrittenen Stand von Wissenschaft und Technik in der Welt bestimmen, können nur dann entwickelt werden, wenn sie sich auf grundlegend neue Erkenntnisse über Gesetzmäßigkeiten in Natur und Technik stützen. Die Geschichte der Entwicklung der Produktivkräfte beweist das. Wir kennen in der DDR zahlreiche Beispiele, wie aus der Grundlagenforschung, in Verbindung mit der angewandten Forschung, neue Erzeugnisse und Technologien hervorgehen.

wie wesentliche strukturelle Wandlungen bestehender und die Entstehung neuer Industriezweige, die Vervollkommnung der Landwirtschaft, die Entwicklung einer wirksamen Infrastruktur usw. erfolgen.

Denken wir an die Entwicklung der Kernphysik, an die Arbeiten zur Kernspaltung, ohne die es keine Kernenergetik, keine Kerntechnik gäbe, an die Arbeiten zum elektroenergetischen Charakter von Wellen, zur Quantelung solcher Wellen, ohne die keine Elektronik möglich wäre, gleich, ob es sich um Röhren, Halbleiter oder Mikroprozessoren handelt. Die Entwicklungen über die Zusammensetzung von Farbstoffen, die Analysen und Synthesen der Farbstoffe, waren der Ausgangspunkt für die industrielle Produktion aus Teerprodukten, die wesentlich billiger als natürliche Farbstoffe waren und die den enormen Prozeß der Chemisierung wesentlich mit beeinflußten. Die Grundlagenforschung über die Polymerisation von organischen Verbindungen, über Gesetzmäßigkeiten dieser Prozesse bilden die Basis für die Produktion einer in der Natur nicht existierenden Gruppe chemischer Verbindungen. Die darauf basierenden Produkte wie Chemiefasern, Plaste, Antriebstoffe sind aus unserem Leben nicht mehr wegzudenken. Die Entwicklung der Mikroelektronik wäre in der DDR ohne die Grundlagenforschung auf dem Gebiet der Reinststoffe, der Festkörperphysik und Werkstofforschung in dem wachsenden und geplanten Umfang und Tempo nicht möglich. Hier wie auch in zahlreichen anderen Zweigen zeigt es sich, daß unsere Kombinate ihre Möglichkeiten, gemeinsam mit den Einrichtungen der Grundlagenforschung und den Neuerern theoretische Erkenntnisse und Erfahrungen in neue Technologien und Erzeugnisse umzusetzen, voll nutzen müssen.

Karl Marx widmet sich besonders auch der Nutzung des Vorhandenen unter ökonomischen Aspekten im Zusammenhang mit der Zunahme der Qualifikation der lebendigen Arbeit, die er nicht von ungefähr als die höchste Form der Akkumulation bezeichnet. Dieser Prozeß ist für uns unter den Bedingungen des sozialistischen Eigentums und damit der Kooperation sozialistischer Eigentümer von allergrößter Bedeutung.

Immer wieder hebt er die Rolle der lebendigen Arbeit, ihr Niveau als das wichtigste Moment der höheren Veredlung der vergegenständlichten Arbeit hervor. Marx schreibt in den „Grundrissen“[3], daß die Arbeit das lebendige, gestaltende Feuer der Produktion ist, daß sie es ist, die sich das Material erhält und den Formwechsel des Stoffes so vollzieht, wie es dem Zweck der Arbeiter entspricht. Alle Arbeitsinstrumente und Arbeitsgegenstände, die im Stufenprozeß nicht oder nicht rationell genug genutzt werden, stellen vergeudete Arbeit dar. Und im Kapital stellt er dar, daß gesllschaftlich gesehen die Produktivitätssteigerung in einem Industriezweig den Aufwand in den anderen mindert.[4]

Immer wieder unterstreicht Marx dabei die Rolle der Wissenschaft und ihrer Nutzung, um zu höher veredelten Endprodukten zu kommen. Die Höherveredlung der Rohstoffe und des Materials, ihr Niederschlag in Erzeugnissen, die sowohl als Arbeitsinstrumente, als Arbeitsgegenstände und als Konsumgüter die Bedürfnisse qualitativ besser und ökonomisch effektiver befriedigen, ist ein prinzipieller Vorgang, der vor allem abhängt vom Niveau der Wissenschaft, der Bildung und ihrer Nutzung in der Produktion.

Noch einige Bemerkungen zur gegenwärtigen historischen Dimension dieser Aufgabe, die objektiv bestimmt wird durch das Weltniveau. Es ist klar, daß die höhere Veredlung von Rohstoffen und Material, aber auch die qualitative sowie quantitative Verbesserung von Arbeitsinstrumenten durch ökonomisch vertretbare Neuerungen bzw. Innovationen bestimmt wird. Sie sind entscheidender Ausdruck des ökonomischen Wachstums.

Wobei sie sowohl grundlegende Neuerungen umfassen, sogenannte Basisinnovationen, die auf Entwicklungen bzw. Erfindungen aufbauen, als auch solche, die systematische Verbesserungen an Technik, Verfahren, Technologien sowie Produkten umfassen.

Im Zuge von Basisinnovationen entstehen oft neue Industriezweige bzw. tiefgreifende Wandlungen in allen Bereichen der gesellschaftlichen Produktivkräfte. Hierbei denken wir an solche qualitativen Entwicklungssprünge, wie z. B. die Dampfmaschine, der mechanische Webstuhl, die Werkzeugmaschine, die Eisenbahn, der Siemens-Martin-Ofen, die Elektrotechnik, der Motor, das Automobil, das Flugzeug, die Elektronenröhre, der Transistor, der integrierte Schaltkreis und vor allem der Mikroprozessor, die Datenverarbeitung und Raumfahrttechnik, die tiefgreifende Veränderungen der Arbeitsproduktivität und der Befriedigung von Bedürfnissen zur Folge hatten, und höchste Anforderungen an Arbeitsteilung, Kooperation und Disponibilität stellten und stellen.

Auch Verbesserungsinnovationen, mit denen schon vorhandene Technologien weiter entwickelt werden, wie neue Konstruktion und Entwicklung bereits vorhandener Produkte, die die vorangegangenen Erzeugnisse an Mannigfaltigkeit, Qualität. Verläßlichkeit usw. übertreffen (z. B. die Malimotechnik, der Plasmaschmelzofen und viele andere), erlauben in der Regel eine wesentlich günstigere Nutzung der Ressourcen. Mit beiden Formen sind weitreichende Prozesse zur rationellen Nutzung von Rohstoffen und Energie verbunden.

Ich halte es für eine wichtige Aufgabe, die Tendenz zu überwinden, daß auf manchen Gebieten die Hauptmasse der Produktion noch in der ersten Verarbeitungsstufe erzeugt wird: z. B. in der chemischen Industrie durch die Grundchemie; ebenso in der Metallurgie oder in der Textilindustrie, aber auch in der Elektrotechnik/Elektronik, wo das Hauptgewicht z. B. des Exports noch bei relativ einfachen Erzeugnissen liegt. Es gilt, die zur Verfügung stehenden Rohstoffe in höchstmöglichem Umfang durch qualifizierte Arbeit zu veredeln.

Dem ersten Problem, was die strukturelle Frage angeht, stimme ich also voll zu. Ich bin ebenfalls der Ansicht, daß wir uns auf weitere und neue Probleme einstellen müssen.

Bei der Braunkohle, aber auch bei anderen Rohstoffen, z. B. Kalk und Salz, wissen wir heute, daß es noch größere Ressourcen gibt als vor 5 Jahren eingeschätzt worden ist. Die Vorkommen haben jedoch nicht so gute Qualität und es stellt sich die Frage der weiteren Verarbeitung. Wir wissen, daß ganze Gebiete der DDR in bezug auf die Kohle noch nicht genügend erkundet sind. Wir wissen, daß wir bisher die Braunkohle nur in der ersten und zweiten geologischen Schicht abbauen aber nicht in den tieferen Schichten, wo ebenfalls Kohle liegt. Wie kommen wir an die tieferen Schichten heran? Wir sind bei 150 Metern Tiefe, mit welchen Verfahren arbeiten wir darunter? Ich stelle diese Fragen als Ökonom aus der Sicht der notwendigen komplexen Zusammenarbeit. Wo liegt der Kreuzungspunkt zwischen uns und den Technikwissenschaftlern hierbei? Man erwartet meistens von den Ökonomen Berechnungen, die hohe Preise zugrunde legen, statt veränderte technische Lösungen. Wir können jedoch nur mit solchen Preisen arbeiten, die die Erschließung zu den heutigen Werten ermöglichen. Wir können auch nicht annehmen, daß diese immer weiter steigen, nur weil wir mit weitgehend traditionellen Methoden arbeiten. Das ist es, was mich als Ökonom ganz stark beschäftigt.

Ich könnte auch für das Masse-Leistungs-Verhältnis unserer Produkte eine Reihe von Problemen darlegen. Es ist eine Tatsache, daß wir in einem weit höheren Ausmaß an die Verfeinerung der Struktur unserer Wirtschaft herangehen müssen als bisher. Es geht dabei um einen großen Komplex. Nehmen wir als Beispiel das Auto. Der Pkw-Verkehr baut auf eine der besten Infrastrukturen auf, die es überhaupt gibt. Ich bin etwas skeptisch in bezug auf das skizzierte künftige Verhältnis von Pkw zu anderen Verkehrsmitteln. Meiner Meinung nach hat das Auto bis an die Stadtgrenze heran seine volle Berechtigung. Die Praxis zeigt, daß es zur Abschaffung der Pkw auch Alternativen gibt. Eine davon ist die wesentliche Senkung der Verbrauchskennziffern. Zum Beispiel von Vergaserkraftstoff und anderen Einsatzstoffen. Bei uns gibt es zum Teil Auffassungen, es sei das alles ferne Perspektive. Es ist aber reale Gegenwart, wie die Entwicklung der Mikroprozessoren und ihr Einsatz beim Auto zeigen. Dabei ist dieser Einsatz selbst ein Optimierungsproblem, da ein Mikroprozessor — einmal verwendet — nicht nur für die Zündung, sondern komplex für alle Vorgänge im Auto wirksam wird, die Materialien verbrauchen, auch für verschiedenste andere Zwecke bis hin zu Kontrollfunktionen. Dieses komplexe Herangehen an die Dinge halte ich für außerordentlich bedeutsam und möchte diese Gedanken von Herrn Keil auch unterstützen.

Was ist zum Erdöl zu sagen? Wir haben 19 Millionen Tonnen Erdöl im Jahr zur Verfügung und ich stimme auch zu, wir werden nicht mit sehr viel mehr rechnen können. Der Preis ist inzwischen bereits weiter stark gestiegen, so daß wir beim Import an eine Grenze stoßen. Eine dringliche Sache für uns ist die Senkung des Heizölverbrauches. Welche Reserven liegen dort? Was für Strukturveränderungen sind hier möglich? Das sind Fragen zu denen wir natürlich zur Mitarbeit entsprechend der Forderungen, die Kollege Keil hier gestellt hat, bereit sind.

Ich möchte eine letzte Bemerkung machen zu dem psychologischen Verbraucherverhalten. Selbstverständlich bin ich auch gegen jede Verschwendung von Gebrauchswerten in bezug auf die Lebensweise der Bevölkerung. Aber wir müssen daran festhalten, daß die Weiterentwicklung neuer Konsumgüter, vor allem qualitativ hochwertiger, industrieller Konsumgüter eine wichtige Seite der Bereicherung der Lebensweise ist. Sehen wir uns einen großen Teil unserer Konsumgüter an, wie Kühlschränke, Waschmaschinen, Erzeugnisse der elektroakustischen Industrie, so müssen wir feststellen, daß wir nicht nur ein ungünstiges Masse-Leistungs-Verhältnis, sondern auch funktionale Schwierigkeiten haben. Ich glaube, daß wir uns generell eine richtige Einstellung schaffen müssen zu neuen Entwicklungen und zum Problem Verschwendung. Ich bin zutiefst davon überzeugt, daß die Bevölkerung von uns erwartet, daß wir ihr bei der Gestaltung der Bedürfnisse wichtige, sich in der Welt durchsetzende positive Gewohnheiten gewährleisten und entsprechend produzieren. Daraus ergibt sich die Aufgabe, noch stärker zu untersuchen, wie wir ausgehend von der Energie und den Rohstoffen, über die vermittelnden Stufen hinweg, schließlich die Versorgungskomplexe sichern, um die es uns letzten Endes geht: Wohnen, Bekleiden, Ernähren usw. Wir wenden heute für die Ernährung noch den weitaus größten Teil der Mittel auf. Sehen wir näher hin, ist es Energie; sehen wir noch schärfer hinter die Ernährung, finden wir nicht unbedeutende Mengen fehlgeleiteter Energie, Energie, die nur zu einem geringen Teil beim Enderzeugnis ankommt, weil wir moderne Verfahren, Produktionsverkettungen usw. nicht beherrschen.

Ich bin der Meinung, daß wir bei einer solchen komplexen Betrachtung auf viele Dinge stoßen werden, die uns Energie und Rohstoffe einsparen. Das gilt schon für ganz einfache Stufenproduktionen. Man sollte dabei die allgemeine, auf Koeffizienten aufbauende Verflechtungsbilanzierung nicht überschätzen. Viel wichtiger scheint mir zu sein, daß wir für bestimmte Endprodukte genauer die Produktionsstufen analysieren, sie in Verkettung bringen, das ganze auch technologisch durcharbeiten und auf diese Weise bestimmt beträchtliche Energie- und Rohstoffeinsparungen erhalten.

Anmerkungen

1 S. Karl Marx, Grundrisse der Kritik der politischen Ökonomie, Berlin, Dietz Verlag 1974, S. 312.
2 Ebenda.
3 Ebenda, S. 266.
4 MEW, Bd. 25, S. 892.

Klaus Strzodka

Diskussionsbeitrag

Ich bin dem Präsidium und der Klasse Chemie sehr dankbar, daß dieser Vortrag als Plenarvortrag aufgenommen und von Herrn Keil in einer so umfassenden Art behandelt wurde. Es ist dem Vortragenden m. E. gelungen, alle hier vertretenen Disziplinen anzusprechen und nachzuweisen, daß die Frage des Einsatzes der Kohlenstoffträger nicht nur ein Ressort der Energetiker und der Chemiker ist, sondern gleichermaßen Aufgaben den Naturwissenschaftlern als auch den Ökonomen stellt. Deshalb sollte der Vortrag Gegenstand weiterer vertiefender Diskussion in den Klassen und Arbeitsgruppen der Akademie werden.

Ich bin mit den grundsätzlichen Aussagen des Vortrages einverstanden, trotzdem seien mir einige Bemerkungen gestattet: Herr Keil stellte fest, daß die drei Kohlenstoffträger gleichermaßen stoffwirtschaftlich oder energetisch einsetzbar sind und eine gegenseitige Substitution im Prinzip möglich ist. Dieser allgemeinen Feststellung kann man zustimmen, wenn es um die Elektroenergie und die Wärmeerzeugung geht. Bei anderen Umwandlungen gibt es aber einige Einschränkungen.

Dazu zwei Beispiele:

- Es wurde gesagt, daß die Herstellung von Benzin oder Treibstoffen aus Kohle über die Hydrierung aufwendiger ist als die Herstellung durch die Verarbeitung von Erdöl, ganz abgesehen davon, daß bei einer solchen Kohlenhydrierung höhere energetische Verluste auftreten. Bei der erneut entflammten Diskussion um die Kohlenverflüssigung glauben wir häufig, daß einfach die früheren Erfahrungen bei der Hydrierung und der Treibstoffsynthese voll beherrscht und übernommen werden können. Bei den weiteren Arbeiten, besonders bei der Übertragung in größere Dimensionen zeigte sich aber bei der Hydrierung gleichermaßen wie auch bei der Synthesegasherstellung, daß die Trennung des Feststoffes von der Flüssigkeit oder von dem Gas größere Schwierigkeiten bereitet. Wenn wir hier darüber diskutieren, z. B. die Kohle wieder verstärkt für die Hydrierung einsetzen zu müssen, so sind hier weitere Grundlagenforschungen erforderlich, weil die Erkenntnisse von einst nicht ausreichend sind.
- Keine Alternativen der Substitution gibt es z. B. beim metallurgischen oder beim chemischen Koks, da diese nicht nur Brennstoff, sondern als Kohlenstoffträger zugleich chemische Reagenz sind. Sicherlich kann man bei der Verwen-

dung dieser chemischen Reagenz den energetischen Anteil, der im Prozeß zur Erzeugung der Prozeßwärme verbrannt wird, reduzieren.

Keine Alternative gibt es auch für den Elektrodenkoks, wo die Herstellung nur über die flüssige Phase, d. h. die Erdölrückstände gehen muß wegen der notwendigen niedrigen Aschegehalte.

Zum Wasserstoff : Kohle Verhältnis der verschiedenen Energieträger ist folgendes zu sagen. Die fossilen Kohlenstoffträger müssen bei der Verarbeitung meistens hydriert werden, d. h. es muß an den Kohlenstoff Wasserstoff angelagert werden. Von Bedeutung ist aber auch, und das kam nur mit einem Nebensatz zum Ausdruck, der Sauerstoffgehalt des Rohstoffes. Die relativ jüngere und dabei weniger inkohlte Braunkohle hat einen höheren Sauerstoffgehalt in der Kohlesubstanz als z. B. Steinkohle. Dieser Sauerstoff wird bei der Hydrierung ebenfalls mit hydriert. Hierbei erhält man dann aber keine Kohlenwasserstoffe, sondern ein recht teures Wasser. Bei der sonst recht aufwendigen thermischen Kohlenverarbeitung darf man aber auch nicht übersehen, daß die Kohlenentgasung, aber auch die -vergasung in bestimmtem Umfange stoffwirtschaftlich nutzbare flüssige Kohlenwasserstoffe liefert, die bei der Erdölverarbeitung nicht anfallen.

Ich bin mit dem Grundtenor der Aussage des Vortrages einverstanden, daß es ungünstiger ist, die Kohlenwasserstoffe, Erdöl und Erdgas für energetische Zwecke zu verbrennen. Aber auch die Kohlen sollten stoffwirtschaftlich besser genutzt werden, bevor diese für die Wärmeerzeugung verbrannt werden. Den Gedanken der sog. Kombinationskraftwerke, bei denen eine stoffwirtschaftliche Nutzung z. B. der Kohle vor der Energieerzeugung über Gasturbinen oder Dampferzeuger erfolgt, sollte man weiter verfolgen und entsprechend unseren volkswirtschaftlichen Möglichkeiten mehr und mehr einführen.

Es ist notwendig, noch auf ein weiteres Problem hinzuweisen. Wir glauben einen effektvollen stofflichen Einsatz des Erdgases zu haben, wenn wir dieses z. B. in der chemischen Industrie zu Synthesegas oder als Stadtgas spalten. Bei dieser Spaltung müssen wir natürlich energetische Verluste hinnehmen. Andererseits erzeugen wir aber Stadtgas aus Kohle, ebenfalls mit Verlusten verbunden. Es ergibt sich daraus die Frage, warum also nicht gleich Synthesegas aus Kohle herstellen und Erdgas für den direkten Einsatz, z. B. in den Haushalten, vorsehen. Sicherlich spielen die Umstellungskosten der bisherigen Versorgungssysteme auf Erdgas eine große Rolle.

Von großer Bedeutung ist die generelle Feststellung, daß die Kohlenstoffträger als energetische Rohstoffe mit größter Überlegung verwendet werden müssen. Wärme, Dampf und auch andere Energieformen, z. B. die Elektroenergie, können, wie es im Vortrag gesagt wurde, in Kernreaktoren zweckmäßiger ohne Kohlenstoffverbrennung erzeugt werden. Auch hier sollten wir Kombinationskraftwerke im Auge behalten, bei denen Hochtemperaturreaktoren z. B. zuerst die Proßeswärme für chemische Reaktionen liefern.

Interessant ist auch der im Vortrag gewählte Begriff der energetischen Rückflußdauer, besonders bei Investitionen. Mit diesem Begriff müssen wir uns mehr vertraut machen, weil in der Zukunft einige volkswirtschaftliche Entscheidungen wesentlich von dieser Rückflußdauer abhängen werden.

Dazu ebenfalls zwei Beispiele:

Wir sprechen viel von der möglichen Nutzung der Sonnenenergie auch bei uns. Es ist aber bekannt, daß die relativ geringe Sonnenscheindauer und die relativ geringe einfallende Energiemenge in unserem Land eine ökonomische Nutzung problematischer erscheinen lassen als in südlicheren Ländern. Wenn man die energetischen Aufwendungen für die Herstellung eines derzeitig verwendeten Sonnenkollektors (Aluminium, Glas etc.) mit der zu gewinnenden Energie vergleicht, so haben einige sehr grobe Betrachtungen ergeben, daß ein Sonnenkollektor sich erst in 10 Jahren amortisiert. In 10 Jahren ist aber ein solcher Sonnenkollektor meist schon verschlissen. Ein anderes Beispiel diesmal aus der Hauswirtschaft. Wir waren es gewöhnt, daß wir vor nicht allzu langer Zeit Haushaltswärmegeräte (z. B. Wärmewirbler) mit einer Leistung von ca. 1 kW für ca. 250,— Mark im Handel erwerben konnten. Die Kraftwerksleistung, die zum Betreiben dieser Heizleistung benötigt wird, erfordert aber Investitionen von 2 300,— Mark. In dieser Summe ist der Aufschluß des Tagebaues für die erfordeliche Kohlenmenge noch nicht mit enthalten. Von diesen gesellschaftlichen Aufwendungen spürt der Käufer dieses Wärmegerätes kaum etwas, weil der zu zahlende Haushaltenergiepreis bei uns so gering ist, daß die Amortisation des Kraftwerkes und weiterer Energieanlagen kaum erfolgt.

Mit diesen Beispielen wollte ich nur zeigen, daß wir bei der Energieanwendung sehr sorgfältig prüfen müssen, was wir zu welchen Zwecken verwenden und ob wir nicht durch zweckmäßigere Anlagen einen gleichen Effekt mit geringerem Aufwand erzielen können. Mit meinem Diskussionsbeitrag wollte ich die im Vortrag bereits herausgearbeitete Frage unterstreichen, daß die Energieanwendung, die Energiewirtschaft insgesamt eine komplexe volkswirtschaftliche Bedeutung hat, von der unsere weitere Entwicklung wesentlich beeinflußt wird. Aus diesem Grunde empfehle ich auch, diese Fragen mehr zum Gegenstand der Diskussionen im Plenum und in den Klassen der Akademie zu machen.

Wolfgang Schirmer

Diskussionsbeitrag

Aus der Fülle der Probleme, die hier umrissen werden, möchte ich mich der Frage der Veredelung von Rohstoffen durch die Produktion hochwertiger Finalerzeugnisse widmen. Nicht selten wird an uns Chemiker die Aufforderung gerichtet, wissenschaftliche Beiträge dafür zu leisten, daß die chemische Industrie neben der notwendigen Menge an Produkten von Massencharakter verstärkt Zwischenprodukte und Finalerzeugnisse von hohem Gebrauchswert herstellen kann.

Da der Umfang der zur Verfügung stehenden fossilen Kohlenstoffträger, besonders in Form des Erdöls und des Erdgases, begrenzt ist, müssen wir für die nächsten Jahre von dem Grundsatz ausgehen, aus dem Vorhandenen mehr zu machen und vorhandene Rohstoffe durch chemische Synthese weitgehend zu veredeln. Das ist sicher nicht nur nach einem auf alle Probleme zutreffenden Schema möglich. Die chemische Industrie der DDR ist leistungsfähig. Sie kann sich auf erfahrene Facharbeiter, Ingenieure und Wissenschaftler stützen. Es liegen Kenntnisse aus der Forschung vor, die gemeinsam mit verfahrenstechnischem Wissen für die Durchführung von chemischen Synthesen eingesetzt werden können. Die von der chemischen Industrie erzeugten Produkte werden in fast allen Zweigen der Volkswirtschaft benötigt. Wir schaffen uns mit ihrer Produktion günstige Möglichkeiten für den zusätzlichen Export und für die langfristige Kooperation mit unseren Partnern im RGW.

Die durch chemische Synthese mögliche Veredelung von Rohstoffen kann einen bedeutenden Wert erreichen. Ich möchte hier nur ein paar relative Zahlen nennen: Setze ich den Wert einer Tonne Kohlenstoff im Rohstoff gleich 1, so macht der Wert derselben Menge Kohlenstoff in dem aus Erdöl gewonnenen Äthylen den Faktor 3, in Acetylen den Faktor 5 aus. Diese Produkte gehören noch zu den Rohstoffen der chemischen Industrie. Kommen wir zu den Plastrohstoffen, steigt der Veredelungsfaktor auf Werte von 4—10, bei Spezialplasten kann dieser Wert bereits 30—100 ausmachen. Farbstoffe, die durch chemische Synthese gewonnen werden, weisen dem Kohlenstoff bereits einen Veredelungsfaktor von 50 zu, und in pharmazeutischen Produkten kann ich Zahlen von 100—1000 ermitteln. Im extremsten Falle ist der Kohlenstoff im Fotokopierlack für die Mikroelektronik das 5000fache des Ausgangsmaterials wert. Natürlich sind die letztgenannten Produkte keine Massenerzeugnisse mehr, aber es werden mindestens 5000 chemische Verbindungen auf dem Weltmarkt gehandelt, die heute durch Synthese gewonnen werden und in denen der Kohlenstoff einen hohen Veredelungsgrad aufweist. Es bestehen also für unsere chemische Industrie günstige Entwicklungsmöglichkeiten.

Selbstverständlich bedarf diese Aussage einer kritischen Analyse. Je höher die Veredelung, desto größer ist im allgemeinen der Investitionsaufwand für die Durchführung der notwendigen Synthesen. Viele Finalprodukte werden über eine größere Zahl von Zwischenstufen gewonnen, so daß nicht nur eine, sondern mehrere Anlagen neu errichtet werden müssen. Der Investitionsaufwand geht daher oft in die Hunderte von Millionen Mark, und unsere Möglichkeiten auf diesem Gebiet sind in den nächsten Jahren sicherlich begrenzt. Nicht der Neubau von Produktionsanlagen stellt den wichtigsten Weg zur Lösung dieser Syntheseaufgaben dar, sondern die Möglichkeiten, die sich aus der Nutzung vorhandener Anlagen ergeben. Wir verfügen über leistungsfähige Anlagen für die Herstellung von Grundstoffen. Bei diesen Produktionsverfahren fallen Neben- oder Koppelprodukte an, die heute oftmals nicht mehr gewonnen werden, da die hierfür vorgesehenen technischen Einrichtungen durch Rationalisierung entfallen, oder weil die hierfür erforderlichen Arbeitskräfte fehlen. Berücksichtigen wir jedoch, daß wir durch den Wegfall der Gewinnung dieser Nebenprodukte Zusatzimporte gegen Devisen durchführen müssen, so kommt einer gesamtvolkswirtschaftlichen Analyse dieses Problems große Bedeutung zu. In vielen Fällen wird es zweckmäßig sein, diese Nebenprodukte zu gewinnen oder ihre Wiedergewinnung in Gang zu setzen.

Für manche Erzeugnisse brauchen wir einen spezifischen Anlagenbau, der bei uns nicht stark entwickelt ist. Das gilt zum Beispiel für die fotografische Industrie. Für die Erzeugung eines Colorfilms mit hoher Sensibilität werden über 100 chemische Produkte zum Teil von komplizierter Zusammensetzung benötigt. Die chemischen Synthesen, die zu solchen Erzeugnissen führen, schlagen sich also im Gesamtergebnis dieses Gebietes der chemischen Industrie nieder. Für solche Gebiete muß auch noch zusätzlich Forschungsarbeit geleistet werden, da Fragen der Synthese und der Verfahrenstechnik auf unkonventionelle Weise gelöst werden müssen. Dadurch, daß der Export in kapitalistische Länder nicht stabil ist, gilt es, weitere Faktoren zu berücksichtigen.

Für das hier betrachtete Problem kommt der Arbeitsteilung im Rat für gegenseitige Wirtschaftshilfe eine große Bedeutung zu. Unser relativ kleines Land kann mit Sicherheit nicht alle Zwischenprodukte erzeugen, die für die große Menge an Finalprodukten benötigt werden. In Kooperation mit den Partnern im RGW kommen wir zu einer Spezialisierung bestimmter Produktionszweige, was nicht nur die Versorgung stabilisiert, sondern auch Vorteile für alle Partnerländer mit sich bringt. Selbstverständlich sind hier einseitige Lösungen nicht möglich. So können wir zum Beispiel nicht verlangen, daß wir allein vorwiegend spezielle Produkte, die eine hohe Materialveredelung aufweisen, erzeugen, während uns die anderen Partner die hierfür benötigten Rohstoffe liefern. Die zwischen den sozialistischen Ländern eingeleitete Arbeitsteilung in der chemischen Industrie geht von den Grundsätzen des gemeinsamen Nutzens und des gegenseitigen Vorteils aus. Aber noch sind wir nicht so weit wie zum Beispiel die Schweiz, jenes Land, das oftmals als Beispiel hingestellt wird, wenn es darum geht, Fragen einer hohen Materialveredelung zu diskutieren. Die hochentwickelte schweizerische chemische Industrie importiert rund 75% aller benötigten Grund- und Zwischenprodukte. Sie findet sie auf einem Markt, auf dem diese Produkte regelmäßig angeboten werden, so daß bei entsprechend ausgeglichener Zahlungsbilanz der Erwerb dieser Produkte leicht möglich ist. Zwischen den RGW-Staaten entwickelt sich ein solcher Markt erst noch, aber da die Beziehungen zwischen diesen Ländern den Charakter der langfristigen Planbarkeit und Zusammenarbeit haben, sind hier die Faktoren Arbeitsteilung und Zeit mit anderen Maßstäben zu messen.

Wir erleben gerade heute, demonstriert durch die Maßnahmen des US-Präsidenten Carter und seiner Administration, daß die USA rücksichtslos in bestehende Handelsvereinbarungen eingreifen, um politische Ziele durchsetzen zu können. Wir müssen daher alles tun, um eine starke ökonomische Abhängigkeit auf bestimmten Gebieten der Versorgung mit Rohstoffen und Zwischenprodukten abzubauen. Eigene Anstrengungen und planmäßiger Ausbau unserer sozialistischen Handelsbeziehungen im RGW und mit einem Kreis von Nationalstaaten stellen wichtige Maßnahmen zur Überwindung solcher Abhängigkeit dar. Bei Beibehaltung einer bestimmten Struktur der Grundstofferzeugung, die unsere Volkswirtschaft selbstverständlich unverändert benötigt, sollte ein weiterer Ausbau der Erzeugung von Zwischenprodukten betrieben werden, wobei das Tempo dieser Entwicklung und die Lösung der damit verbundenen Aufgaben von vielen Faktoren abhängig ist, die die Volkswirtschaft unseres Landes beeinflussen können.

Viele der von mir genannten Probleme, und die Liste ließe sich noch um weitere Aufgaben verlängern, beruhen auf objektiven Zusammenhängen, die komplex behandelt werden müssen. Die Veredelung der uns zur Verfügung stehenden Rohstoffe steht langfristig auf der Tagesordnung unserer Volkswirtschaft. Konkrete Schritte hierfür zu finden, ist eine Aufgabe der Kooperation verschiedener Wissenschaftsdisziplinen, die wir nicht zuletzt auch an unserer Akademie betreiben müssen.

Wolfgang Heinrichs

Diskussionsbeitrag

Ich greife sehr gern die Anregungen von Herrn Keil zur interdisziplinären Arbeit mit den Wirtschaftswissenschaften auf, um so mehr, als ich in seinem Vortrag schon einen hohen Grad der Übereinstimmung im Problemverständnis feststellen darf. Das kommt insbesondere in der Aussage zum Ausdruck, daß man Probleme der Substitution der Energieträger innerhalb der fossilen Kohlenstoffe und darüber hinaus nicht mehr nur von einem Wirtschaftszweig oder von der Energiewirtschaft und der Chemie allein beurteilen kann. Wegen des hohen Verflechtungsgrades kann man zu richtigen, langfristig tragenden Entscheidungen nur dann gelangen, wenn man diesen Entscheidungen volkswirtschaftliche Kriterien zugrundelegt. Insofern haben wir einen hohen Grad des Problemverständnisses erreicht.

Ich möchte die im Vortrag getroffene Aussage doppelt unterstreichen, daß die Konsequenzen, die hier gezogen wurden, in stoffwirtschaftlicher Hinsicht relativiert werden müssen, wenn festgestellt wurde, daß das alles noch ergänzt werden müsse um die Konsequenzen für die Grundfondswirtschaft und für die Investitionen. Nach meiner Auffassung liegt in der Tat hierin das Kernproblem unserer weiteren Zusammenarbeit, nämlich nach volkswirtschaftlichen Kriterien die Konsequenzen für die Grundfondswirtschaft, für die Akkumulation und Investitionspolitik herauszuarbeiten. Heute und sicherlich in der nahen und ferneren Zukunft ist und bleibt die Energiewirtschaft erstens ein grundfondsintensiver Zweig. Überdurchschnittliche Grundfondsintensität bedeutet, daß im Vergleich zum Durchschnitt der Volkswirtschaft eben eine Mark Investition bedeutend weniger Nationaleinkommenszuwachs erbringt. Darüber darf man nicht moralisieren. Dieser Aufwand ist vielmehr für die proportionale Entwicklung nötig, um den volkswirtschaftlichen Reproduktionsprozeß stabil zu gestalten. Das soll nochmals an einigen wenigen volkswirtschaftlichen Daten verdeutlicht werden.

Wenn man die Kraftstoffherstellung der Chemie in die Berechnungen mit einbezieht, sind etwa 60 Prozent unserer Investitionen, die für die Industrie zur Verfügung stehen, seit mehreren Jahrzehnten für die langfristige Sicherung des Energie- und Rohstoffbedarfs gebunden. Wenn man nun noch in Betracht zieht, daß etwa 37 Prozent der Gütertransportmenge für den Energieträgertransport gebunden ist, 16 Prozent der Gütertransportmenge der Binnenschiffahrt auf Energieträger entfallen und unsere Tankerflotte auch ausschließlich für Energietransporte eingesetzt ist, dann ist der Investitionsaufwand für Energie und Rohstoffe in der Volkswirtschaft sogar noch höher. Schon aus diesem Grunde ist es notwendig, neben stoffwirtschaftlichen Bewertungen immer stärker die Dynamik der Grundfondsintensität zu untersuchen, ohne den Gesichtspunkt der Sicherung des Energiebedarfs aus dem Auge zu verlieren. Denn die Deckung des Energiebedarfs ist — wie es in der Diskussion hervorgehoben wurde — einer der wichtigsten Faktoren zur Freisetzung von lebendiger Arbeit. Allerdings gehört zu diesem Freisetzungseffekt neue Technik, denn Energie ohne moderne Maschinen und ohne progressive Technik ersetzt nur bei wachsendem volkswirtschaftlichem Aufwand lebendige Arbeit. Also handelt es sich nicht um eine direkte Substitution. Darin liegt eine ganz wichtige volkswirtschaftliche Problematik. Das muß in die volkswirtschaftlichen Bewertungen einbezogen werden.

Es ist bei diesen Bewertungen zweitens zu berücksichtigen, daß zur gleichen Zeit neben den Investitionsansprüchen für die Sicherung des Energie- und zum Teil auch des Rohstoffbedarfs (hier gibt es ja enge Wechselbeziehungen). längerfristig weitere Investitionsansprüche bestehen, beispielsweise bei der Mikroelektronik und bei verschiedenen anderen wichtigen Richtungen der wissenschaftlich-technischen Revolution. Wir müssen von einer vorhandenen Akkumulationsmasse in der Volkswirtschaft ausgehen, um dann richtig zu verteilen. Auch dieser Aspekt ist bei volkswirtschaftlichen Bewertungen nach meiner Auffassung bei Substitutionsprozessen innerhalb der Energie- und Rohstoffwirtschaft zu berücksichtigen. Fragt man also nach dem volkswirtschaftlichen Bewertungskriterium, so besteht es — Proportionalitätsbedingungen vorausgesetzt — in einem wachsenden Beitrag für die Steigerung der Arbeitsproduktivität und der Effektivität. um so einen höheren Zuwachs an produziertem Nationaleinkommen zu erreichen. Das volkswirtschaftliche Bewertungskriterium muß man natürlich durch Teilkriterien untersetzen, beispielsweise dadurch, daß man überprüft, wann eine Mark Investition in der verarbeitenden Industrie zur Einsparung an Energie und Material unter bestimmten Verflechtungsbedingungen für die Volkswirtschaft günstiger ist als eine Mark zusätzliche Investition für den Zuwachs an Energieträgern und Rohstoffen. Ich will damit deutlich machen, daß diese volkswirtschaftlichen Bewertungskriterien nur bedingt etwas mit Bewertungen der Investitionsrückflußdauer in Kombinaten oder einem Zweig der Volkswirtschaft zu tun haben. Erstere sind insbesondere für strategische Berechnungen zu nutzen, um Präferenzen bei der Verteilung der Akkumulationen zu objektivieren.

Gestatten Sie mir auch noch eine zweite Bemerkung.

Ich gehöre — wie Herr Koziolek — zu den Ökonomen, die in bestimmter Hinsicht ein gebrochenes Verhältnis haben zu Aussagen über Tendenzen der Verschwendung und der Konsumgesellschaft, die in unserer Gesellschaft von der kapitalistischen Gesellschaft noch nachwirken würden bzw. von letzterer kopiert werden würden. Gewiß sind zum Teil ernste Tendenzen von Verschwendungen existent. Sie sind da, und sie darf man nicht bagatellisieren. Doch muß man künftig sicherlich etwas konkreter in den Wertungen werden, weil die Erhöhung der Qualität, die Verlängerung der Haltbarkeitsdauer, das heißt also die zusätzliche Verlängerung der Umschlagszyklen und die Erhöhung der Zuverlässigkeit der Erzeugnisse, unterschiedliche Wirkungen auslösen. Die Erhöhung der Zuverlässigkeit und die Erhöhung der Qualität sind in jedem Fall zu bejahen, um Tendenzen der Verschwendung entgegenzuwirken. Eine Verlängerung der Haltbarkeit, die in jedem Fall eine zeitliche Verlängerung des Zyklus einschließt, würde ich als Ökonom dagegen relativieren.

Ich will das volkswirtschaftliche Problem an zwei Beispielen deutlich machen, zunächst an unseren Investitionsgütern. Etwa 25 Prozent der im wirtschaftlichen Kreislauf fungierenden Güter sind Investitionsgüter, das heißt Maschinen, Produktionsinstrumente. Wir haben zur Zeit in der Volkswirtschaft eine Aussonderungsrate von etwa 2 Prozent. In Abständen von jeweils 50 Jahren würde der Maschinenpark, einschließlich der Bauanteil, umschlagen. Moderne, hochentwickelte Volkswirtschaften weisen eine Aussonderungsrate von 5 bis sogar 7 Prozent aus. Wenn wir nicht einen wachsenden Anteil von modernen Maschinen als Äquivalent für wachsende Importaufwände für Energieträger und Rohstoffe einsetzen müßten, dann wären wir schon daran sehr interessiert, die Aussonderungsquote zu erhöhen, das heißt den Zyklus zeitlich zu verkürzen. Denn die alte Technik ist eben eine energieintensivere und materialintensivere Technik, abgesehen von der Arbeitsgeschwindigkeit der Maschinen, die arbeitszeiteinsparend wirkt. Eine Verlängerung des Zyklus allein aus Erwägungen stoffwirtschaftlicher Natur würde deshalb zu Produktivitätsverlusten führen. Reproduktiv betrachtet wäre das — für längere Zeiträume gesehen — eine Vergeudung und nicht Einsparung von Energie und Material. Soviel zu den Investitionsgütern.

Bei Konsumgütern wird die Sache etwas schwieriger. Herr Koziolek hat schon auf einige Probleme hingewiesen. Volkswirtschaftlich wäre es sicherlich sehr günstig, bei Kühlschränken, Waschmaschinen und auch in der Unterhaltungselektronik den Umschlag zu verkürzen. Er hat sich in der DDR auch verkürzt. Nach dem Statistischen Jahrbuch hat sich die durchschnittliche Gebrauchsdauer dieser Konsumgüter in den letzten 10 Jahren bedeutend verkürzt. Ich will nicht die Forderung nach weiterer Verkürzung erheben. Doch muß sehr sorgfältig untersucht werden, wenn eine neue Generation von Waschmaschinen oder von Kühlschränken im Massenumfang eingeführt werden muß, um mehr Energie zu sparen. Der Unterschied im Energieaufwand bei älteren und neueren Fernsehgeräten ist ebenfalls beträchtlich. Also sollte man die Qualität, Haltbarkeit und Zuverlässigkeit etwas präziser im Reproduktionsprozeß verfolgen und nicht allen Gebrauchswerteigenschaften pauschal gleichlaufende ökonomische Wirkungen unterstellen. Konsumgüter, die langlebig genutzt werden, sind ja, wenn man so will, Produktionsmittel in den Haushaltungen. Insofern werden wir im Zentralinstitut für Wirtschaftswissenschaften im Rahmen der energiewirtschaftlichen Grundlagenforschung diese Problematik stärker beachten müssen. Der Zeitpunkt ist absehbar, zu dem zumindest der Elektroenergiebedarf im konsumtiven Bereich fast genau so hoch sein wird wie der Bedarf für die industrielle und landwirtschaftliche Produktion. Insofern wird der konsumtive Faktor des Energiebedarfs und des Energieverbrauchs eine immer größere volkswirtschaftliche Relevanz aufweisen. Diese Problematik muß deshalb in die volkswirtschaftliche Bewertung einbezogen werden.

Werner Lange

Diskussionsbeitrag

Wir behandeln heute ein bemerkenswertes Thema, bei dem das Argument, daß schon viel gesprochen und der Inhalt erschöpfend behandelt wurde, in keiner Phase der Diskussion gilt. Im Gegenteil. Mit fortschreitender Diskussion ergeben sich immer mehr Argumente und Gesichtspunkte, die begründet vorgetragen werden können und — soweit es bei der raschen technischen Entwicklung überhaupt möglich ist — zu Ende diskutiert werden müssen.

In meinen Ausführungen möchte ich zunächst einen Gedanken unterstreichen, der im Vortrag bereits geäußert wurde, nämlich die Feststellung, daß insbesondere auf dem Gebiet der Energie für die Lösung der anstehenden Aufgaben eine komplexe, alle wesentlichen volkswirtschaftlichen Zusammenhänge berücksichtigende Planung notwendig und hierfür die Zusammenarbeit von Fachkräften der verschiedensten Fachrichtungen zu organisieren ist. Herr Koziolek hat in diesem Zusammenhang vom Kreuzungspunkt zwischen Ökonomie und Technik gesprochen. Ich möchte diese Aussage verstärken. Ich glaube, es ist nicht nur ein Kreuzungspunkt, sondern eine große Fläche, in der sich die Aufgaben überschneiden. Da ist eine ständige Zusammenarbeit notwendig, bei der es auch gilt, zu den Problemen zu streiten. Es ist erfreulich, daß bereits in der heutigen Diskussion eine ganze Reihe gegeneinanderstehender Meinungen geäußert wurden, die ausdiskutiert werden müssen. Und das muß, um es mit einem heutigen Modewort zu sagen, konkret am Objekt durchgeführt werden, damit es nicht bei einem Schattenboxen bleibt. Es müssen Erkenntnisse erarbeitet werden, die in volkswirtschaftlich nützliche Maßnahmen umgesetzt werden können.

An einem Beispiel soll gezeigt werden, wie weit über die Grenzen eines Industriezweiges, nach dem heutigen Thema über die Grenzen der Chemie hinaus Zusammenhänge berücksichtigt werden müssen, um zu volkswirtschaftlich optimalen Lösungen zu kommen. Analysiert man die Struktur des Verbrauches, so wird sichtbar, daß 35—40% der Primärenergie für die Erzeugung von Niedertemperaturwärme eingesetzt wird. Diese Situation ist, betrachtet man die in vielen Industriezweigen, auch in der Chemie anfallende Abwärme und die technischen Möglichkeiten, Abwärme zu nutzen, völlig unverständlich. Andererseits darf man auch aus der Forderung, Niedertemperaturwärme aus Abfallwärme zu gewinnen, kein Dogma machen. Aber als Ziel muß diese Lösung vorgegeben und bei der territorialen Planung berücksichtigt werden. Die technischen Möglichkeiten für derartige Lösungen — wie auch für die Nutzung der Umgebungswärme — werden laufend verbessert. Das Stichwort Wärmepumpe ist heute noch nicht gefallen. Sie wird, wie die internationale Entwicklung erkennen läßt, eine wichtige Rolle bei der Deckung des Bedarfes an Niedertemperaturwärme spielen. Die genannte Erweiterung der energetischen Rationalisierungsmöglichkeiten wird neben der Verbesserung der Wärmewirtschaft der Prozesse selbst auch für die Chemie eine Möglichkeit sein, die Effektivität des Energieeinsatzes für den gesamten Industriezweig zu erhöhen. Voraussetzung sind die Anerkennung der Vorrangigkeit des Energieproblems, ein über den Industriezweig hinaus gehendes Durchdenken der Probleme und die territoriale Abstimmung und langfristige territoriale Planung.

In seinem Diskussionsbeitrag hat Herr Strzodka auch von den Möglichkeiten zur Nutzung der Sonnenenergie gesprochen. Vor ein paar Jahren noch konnte man als weltfremd gelten, wenn man davon sprach, daß Wärmepumpe und Sonnenenergie dazu beitragen können, unsere Energieprobleme zu lösen. Heute wissen wir, daß auch für unsere Verhältnisse diese neuen Wege Vorteile bringen. Dabei sollte auch überlegt werden, ob nicht aus Ländern mit hoher Sonneneinstrahlung technische Produkte, also nicht nur Zitronen und Apfelsinen, importiert werden können, die dort unter Nutzung der Sonnenenergie hergestellt worden sind. Sicher sind das Überlegungen, die langfristig gedacht sind, aber auch langfristig bedacht werden müssen. Die von Herrn Keil geforderten 30 bis 50 Jahre des Vorausdenkens sind unbedingt erforderlich, wenn die effektivsten Lösungen gefunden werden sollen.

Im Zusammenhang mit langfristigen Überlegungen taucht ein Problem auf, das für die Entscheidungsfindung außerordentlich wichtig ist und das bei falscher Lösung zu Fehlentscheidungen führen kann. Es ist die Notwendigkeit, für kommende Zeiträume die dann zu erwartenden Kosten und Preise abzuschätzen. Das ist schwierig und mancher Ökonom wird sagen, daß dies nicht machbar sei. Aber wir müssen trotzdem an dieses Problem herangehen, denn der Aufwand wird sich bei unterschiedlichen Erzeugnissen und Verfahren unterschiedlich entwickeln und die auszuwählende Lösung soll ja für kommende Jahrzehnte ein Optimum sein. Zu dem angeschnittenen Fragenkomplex wurde, wenn auch nicht unter diesem Gesichtspunkt, heute bereits ein Beispiel genannt, der Einsatz von Diesel für den PKW. Daß der Dieselmotor günstiger im Energieverbrauch ist als der Benzinmotor, das hat man gewußt, seitdem es den Diesel gibt. Aber die Konsequenzen wurden kaum gezogen. Nun ist man in verschiedenen Ländern dabei, dies zu korrigieren und wir haben die Möglichkeit, dies mit größerer Konsequenz zu tun. Allerdings wird man bei einer solchen Untersuchung feststellen, daß Fragen der Methodik der Bearbeitung noch weitgehend offen sind. Wir müssen uns also klar darüber werden, wie solche Probleme zu bearbeiten sind und auch Wege finden, um die für die Bewertung notwendigen Maßstäbe festzulegen. Hierzu ein Beispiel. Vor dem Plenum fand vor etwa vier Jahren eine Beratung zu Energiefragen statt, auf der auch die Zweckmäßigkeit der Wärme-Kraft-Kopplung diskutiert wurde.

Ein wesentliches, allerdings nicht offiziell vorgetragenes Argument war: „Das rechnet sich bei uns nicht". Wir kennen die Nützlichkeit der Wärme-Kraft-Kopplung und können heute nur feststellen, daß dieser Einschätzung falsche Maßstäbe zugrunde lagen. Und auch andere Beispiele dürften zu einem wesentlichen Teil ihre Ursache darin haben, daß bei der Festlegung der Entwicklungsziele falsche Maßstäbe angewandt wurden, Maßstäbe, die nicht in Richtung hoher Qualität und Exportrentabilität stimulierten. Das zeigt erneut, daß Fragen der Methodik, die letzten Endes von der vorgegebenen Zielstellung abhängen, von großer praktischer Bedeutung sind. So ist zu befürchten, daß bei einer neuerlichen Untersuchung zur umfassenden Nutzung der Wärme-Kraft-Kopplung festgestellt werden muß, daß bei der gegebenen Rohstofflage der geeignete Zeitpunkt für eine optimale Lösung bereits überschritten ist.

Parallellaufend mit der Nutzung der Abfallwärme ist, da der gleiche Effekt erreicht werden kann, die gesamte Sekundärstoffwirtschaft zu sehen. Bei den meisten Werkstoffen, insbesondere bei den metallischen Werkstoffen, ist der Energieaufwand für die Verarbeitung des Sekundärmaterials wesentlich, z. T. um eine Größenordnung niedriger als bei der Herstellung von Primärmaterial. Bei den organischen Werkstoffen allerdings ist bei einem derzeitigen Nutzungsgrad des anfallenden Abfallmaterials von etwa 5% die Aufgabe noch zu lösen, effektive Wege für dessen Wiederverwendung in die Praxis einzuführen. Dabei sollte nicht unbedingt davon ausgegangen werden, daß das Rücklaufmaterial wieder für den gleichen Werkstoff eingesetzt wird; jedoch sollte die Wiederverwendung energetische Vorteile bringen. Das wäre z. B. bei einer Verwendung für Wärmeisolationsmaterial möglich. Es steht ja ohnehin die Aufgabe, den Verbrauch an Primärenergie für die Erzeugung von Niedertemperaturwärme auch durch Verringerung der Wärmeverluste zu senken. Wie in anderen Fällen würde die ökonomische Rechnung ergeben, daß Maßnahmen zur Einsparung wirtschaftlicher sein können als der Versuch, den wachsenden Bedarf bei u. U. steigenden spezifischem Aufwand durch eine Mehrproduktion zu decken.

Als Abschluß noch eine Bemerkung zur ‚Wegwerfideologie', deren Wirken man keineswegs nur so vordergründig als das Wegwerfen auf kurze Lebensdauer ausgelegter Gegenstände ansehen soll. Es gibt jedoch kaum Zahlen, welche die Situation zutreffend charakterisieren. Auch die Zahlen für Soll und Ist der Aussonderungsrate — wenn man nur den industriellen Bereich betrachtet — schaffen hier keine Klarheit. Man muß jeden einzelnen Fall für sich bewerten. Ein solcher Fall wäre z. B. der PKW, bei dem durchaus zu überlegen ist, ob er nicht auf eine Nutzungsdauer von 15 oder besser 20 Jahren auszulegen ist, wobei Nutzungsdauer in diesem Fall bedeutet, daß der Gebrauchswert mit einem vertretbaren, also ohne den heutigen hohen Aufwand an Reparaturen und Instandhaltung erhalten bleibt. Sicher gibt es in jedem Einzelfall einander entgegenstehende Gesichtspunkte, die nicht mit einer formalen Argumentation ausgeglichen werden können. Es kennzeichnet das Niveau der konzeptionellen Arbeit bzw. der langfristigen Planung, wie sie diese Widersprüche im Interesse einer volkswirtschaftlichen Optimierung zu lösen vermag. Und dies soll erneut Anlaß sein, darauf hinzuweisen, daß die Lösung derartiger Probleme die enge Zusammenarbeit von Vertretern der Naturwissenschaften, der technischen Wissenschaften und der Gesellschaftswissenschaften erfordert.

Christian Weißmantel

Diskussionsbeitrag

Durch das Referat und die bisherige Diskussion zog sich wie ein roter Faden der Grundsatz, daß es darauf ankommt, einen höheren Gebrauchswert der Erzeugnisse und eine bessere Materialveredelung in unserer Volkswirtschaft zu erreichen. Ich möchte aber gleichzeitig auch den Hinweis nicht übersehen, daß man unter Umständen auch mit hochveredelten Fertigungserzeugnissen schlecht verdient, nämlich dann, wenn sie hinter dem Weltstand hinterherhinken. Wir brauchen dort, wo wir hochveredeln, wo wir nach vorn prellen oder wo wir Erzeugnisse von hohem Gebrauchswert herstellen wollen auch das Verfahren, die Anlage und die Meßtechnik. Und hier sehe ich eine ganz wichtige Verpflichtung für die interdisziplinäre Zusammenarbeit zwischen Chemie, Physik, Werkstofftechnik und Maschinenbau. Ich möchte nur darauf hinweisen: wenn wir z. B. hochveredelte Werkstoffe fertigen wollen, wenn wir die Mikroelektronik vorantreiben wollen, dann brauchen wir in stärkerem Maße als heute die Vakuum- einschließlich der Ultrahochvakuumtechnik. Aber die Erzeugnisse dieses Zweiges, der keine großen Investitionen erfordert, gemessen an der Volkswirtschaft, sind auch selbst sehr intensiv, nicht nur fürs Inland, sondern auch potentiell für den Export. Das gleiche läßt sich von vielen Technologien, Anlagen und meßtechnischen Einrichtungen der Mikroelektronik sagen. Wir müssen heute noch zu viel davon importieren, und wenn wir importieren, entspricht das, was wir einkaufen, schon nicht mehr dem Weltstand, den wir dann nicht mit beeinflussen können. Ich wollte mit diesen knappen Ausführungen die These ergänzen: Wir müssen sehr sorgfältig auswählen, aber das, was wir vorantreiben, gleich ob es der Spezialplast, die Mikroelektronik oder der besser beschichtete Werkstoff ist, muß so ausgewählt werden, daß die ganze Kette vom Verfahren über die Anlage bis zur zugehörigen Meß- und Analysenmeßtechnik umfassend und mit dem nötigen Vorlauf bearbeitet wird.

Heinz Stiller

Diskussionsbeitrag

Angeregt durch den interessanten Vortrag von Herrn Keil habe ich mich in der Diskussion zu Wort gemeldet und möchte dabei insbesondere auf die Diskussionsbemerkung von Herrn Koziolek zur Perspektive von rohstoffbezogenen Aussagen für größere Teufen eingehen. Durch diese Thematik werden die Geowissenschaften vital berührt, da Lagerstätten in größeren Teufen durch die Kompliziertheit ihres Nachweises ein weltweites Problem darstellen.

Wir haben gegenwärtig bei den bereits bekannten und hinsichtlich ihrer Abbaubedingungen komplizierter werdenden Lagerstätten eine Reihe von sehr schwierigen Fragestellungen der Geo- und Kosmoswissenschaften zu lösen, bei denen der komplexe Einsatz von geologischen, mineralischen, geochemischen, geophysikalischen, geodätischen, mathematischen und kosmischen Methoden erforderlich wird und unmittelbare praxisrelevante Aufgaben anstehen.

Was die Frage von lagerstättenrelevanten Aussagen in größeren Teufen anbelangt, stellt sich den Geowissenschaftlern folgendes Problem: Mit akkumulierten nutzbaren Rohstoffen sind oft Anomalien des gravimetrischen oder magnetischen Feldes verbunden, bzw. in der Ausbreitung seismischer Wellen oder bei elektromagnetischen Tiefensondierungen werden anomale bzw. besondere Untergrundstrukturen festgestellt.

Entsprechende Aussagen können auch Messungen aus Flugzeugen und Satelliten liefern. Es gilt nun, diese verschiedenartigen Informationen durch komplizierte mathematische Bearbeitungsverfahren, ergänzt durch gezielte Laboruntersuchungen an Gesteinen und Mineralen, in entsprechende lagerstättenrelevante Aussagen umzusetzen.

Dabei ergibt sich eine Vielfalt von neuartigen theoretischen und technischen Fragestellungen, die sowohl die Grundlagenforschung im Bereich der Akademie der Wissenschaften und des Hochschulwesens als auch umfangreiche Forschungsarbeiten im Einzugsbereich der Kombinate betreffen.

Dabei wird der komplexe Einsatz aller geowissenschaftlichen Grunddisziplinen erforderlich, durch den dann gezielte Bohrungen für entsprechende rohstoffbezogene Ergebnisse vorbereitet werden, da Bohrungen insbesondere für größere Teufenbereiche ökonomisch außerordentlich aufwendig sind. Bei den sich ergebenden Problemen der Nutzung bestimmter Lagerstätten wird ein enges Zusammenwirken mit der Chemie, der Aufbereitung und der geologischen Industrie erforderlich, um Fragen der Abbauwürdigkeit für den betreffenden konkreten Fall endgültig klären zu können.

Manfred Ringpfeil

Diskussionsbeitrag

Ich möchte den vielen aufgeworfenen Fragen noch eine hinzufügen: Die Nutzung regenerierbarer Rohstoffe. Ich möchte sie einordnen unter der Rubrik „von begrenzter Bedeutung", die aber trotzdem nicht zu vernachlässigen ist.

Die Energieflußdichten in Produktionen mit regenerierbaren Rohstoffen, wie wir sie uns heute vorstellen können, sind niedriger als diejenigen, die wir mit fossilen Rohstoffen erreichen. Deshalb ist für ihre Betrachtung der Ansatz distributiv orientierter Systeme anstelle der zentral orientierten Systeme der Produktion von Rohstoffen, Grundstoffen oder Energie erforderlich. Es erhebt sich die Frage: ist unser heutiges Bild von der Energie- und Grundstoffproduktion nicht zu einseitig davon geprägt, daß die Effektivität dieser Produktionen mit ihrer Zentralisierung und Konzentrierung steigt? Müssen wir nicht stärker distributive Systeme in die Überlegungen zur weiteren Entwicklung der Produktion einbeziehen? Ich halte das letztere für erforderlich, um der stärker notwendigen Ressourcen-Orientierung der Produktion Rechnung zu tragen.

Manfred Schubert

Diskussionsbeitrag

Ich melde mich erst jetzt zu Wort, da ich annahm, daß mein Anliegen schon in anderen Beiträgen zur Diskussion enthalten wäre. Das Thema lautet: „Der Einsatz fossiler Kohlenstoffträger in Gegenwart und Zukunft.“ Dazu muß in unserem Kreis unbedingt etwas zu den zu erwartenden Ein- und Auswirkungen auf die Umwelt gesagt werden. Im Vortrag klang sehr richtig die Sekundärrohstoffnutzung als wichtige Aufgabe an. Aber denken wir z. B. an die Problematik der grenzüberschreitenden Luftverunreinigungen! Berücksichtigen und beeinflussen wir die Situation in unseren Ballungsgebieten! Ich meine, daß wir unter Beachtung der Bedingungen, wie sie sich in der Zeit bis zum Jahre 2000 entwickeln wird, örtlich und räumlich und bezüglich der Anwendung verschiedener möglicher Verfahrensvarianten sehr differenziert vorgehen sollten. Dazu gehört eine bessere Bewertung des Schadens in Verbindung mit dem Aufwand für die Schadensverhütung und vor allem die umfassende Senkung des spezifischen Energieverbrauches. Darin einbezogen auch die möglichst umfassende Anwendung abproduktarmer Verfahren, um vergegenständlichte Energie in zunehmendem Maße einzusparen.

In der unbedingt notwendigen komplexen Betrachtung sind also die Fragen des Einsatzes fossiler Brennstoffe in Einheit mit der Berücksichtigung der Umwelt und besonderer örtlicher Schwerpunkte zu klären. Dabei sind die Möglichkeiten, die der wissenschaftlich-technische Fortschritt besonders bezüglich material- und energiesparender Verfahren bringen wird, für die künftige Entwicklung zum Erreichen möglichst ökonomischer Lösungsvarianten zunehmend zu berücksichtigen.

Gerhard Keil

Schlußbemerkungen

Wenn ein so weitreichendes Thema, wie das heutige, beraten wird, kann man kaum damit rechnen, daß in allen Punkten Übereinstimmung herrscht. Gerade aus dem Für und Wider wollen wir Ansatzpunkte für die weitere Arbeit erhalten. Ich gehe deshalb nicht näher auf die Probleme ein, in denen wir übereinstimmen oder hinsichtlich derer wir wahrscheinlich bald zu einer gemeinsamen Lösung kommen werden, sondern beschränke mich auf Punkte, die Gegenstand ausführlicherer Diskussionen sein sollten.

Die erforderlichen komplexen Analysen der technischen und volkswirtschaftlichen Möglichkeiten und Tendenzen haben wir noch nicht, und wir können sie nur gemeinsam erarbeiten. Gerade das war die Fragestellung und das entscheidende Anliegen des Vortrages.

Wir haben uns entschlossen, diesen Vortrag für das Plenum vorzuschlagen, weil die interdisziplinäre Zusammenarbeit, die sich sicher gut entwickelt hat, noch nicht zu solchen komplexen Aussagen oder Konzeptionen geführt hat, wie wir sie für die notwendigen Entscheidungen brauchen.

Vor uns stehen Fragen, denen wir nicht aus dem Wege gehen können, und sie betreffen nicht nur Probleme der Realisierung, sondern der wissenschaftlichen Konzeption des Weges, den wir gehen müssen.

Internationale Vergleiche über die Aufwendungen für die Umstellung von Volkswirtschaften auf andere Energieträger liegen uns nicht vor. Wir können aber voraussehen, daß Substitutionen von Erdöl durch Kohle oder durch Kernenergie die Wirtschaftskraft jedes Industriestaates auf das äußerste anspannen.

Das wäre bereits der Fall, wenn wir von einem relativ gleichbleibenden Niveau der materiell-technischen Basis ausgehen könnten. Bis jetzt sind die Aufwendungen dafür aber stets schnell gestiegen, und die Befürchtung scheint nicht übertrieben, daß allein der Abriß einer alten Anlage bald teurer sein wird als früher ihre gesamte Errichtung.

Der Zyklus der Grundmittelerneuerung muß von den verschiedensten Seiten untersucht werden, und wir sind der Meinung, daß die Forderung nach einem schnelleren Umschlag der Fonds sehr gut durchdacht werden sollte. Wir müssen versuchen, das Optimum zwischen Fondserneuerung und Senkung der laufenden Aufwendungen unter den unmittelbar in der Praxis wirkenden Bedingungen zu finden. Eine generelle Forderung nach schnellerem Umschlag der Fonds scheint uns nicht nur unerfüllbar, sondern in manchen Fällen auch nicht vertretbar zu sein. Dazu möchte ich ein Beispiel nennen. Ein Kollege hat mir heute erzählt, er habe für einen Aufenthaltsraum ein abgeschriebenes Fernsehgerät bekommen. Es arbeite ausgezeichnet, wurde aber ausgesondert, weil es eben abgeschrieben war. Nicht immer finden sich für solche ausgesonderten Grundmittel „Aufenthaltsräume“, in denen sie vor ungerechtfertigter Verschrottung bewahrt werden. Das ist die andere Seite der Medaille. Ich bin mir völlig darüber im klaren, daß man das abwägen muß. Was wir gerne möchten, ist, daß man mit dem Abwägen nun beginnt. Sollte es nicht möglich sein, die Energieeinsparung, die ein transistorisiertes Fernsehgerät gegenüber einem Röhrengerät erreicht, mit dem Aufwand zur Herstellung des neuen Gerätes tatsächlich zu vergleichen und so die theoretischen Erwägungen durch praktische Feststellung zu ergänzen?

Eine Bemerkung zu dem Beitrag von Herrn Koziolek. Wir sind uns völlig darüber einig, daß kein Land die Rolle eines bloßen Rohstofflieferanten für die DDR spielen wird. Wir können nicht nur Rohstoffe und Halbfabrikate, sondern müssen auch hochveredelte Erzeugnisse importieren. Aber es liegt doch wohl zu einem großen Teil in unserem Ermessen, ob unsere bevorzugten Exportgüter Eisenbahnwaggons, Schiffe, Krane oder andere Erzeugnisse sind. Es geht hier darum, wo wir die Schwerpunkte setzen.

Eine andere Problematik ist der Export von Rationalisierungsmitteln. Wenn wir die Möglichkeit haben, hochveredelte Erzeugnisse zu exportieren, und die Verträge mit der Sowjetunion geben dazu ausreichend Gelegenheit, sollten wir uns die Voraussetzungen dafür nicht dadurch einengen, daß wir dringend benötigte Rationalisierungsmittel exportieren, weil wir zuviel Geld für Rohstoffe ausgeben.

Die Hinweise über die Bereitstellung von Niedertemperaturwärme aus Kernkraftwerken sind für uns sehr wertvoll. Aus einer Analyse des Bedarfes an Niedertemperaturwärme bis 700 K können sich durchaus wichtige Konsequenzen für die Standorte künftiger Kernkraftwerke und vor allem Möglichkeiten einer weitergehenden Substitution fossiler Kohlenstoffträger ergeben.

Über die Probleme des Umweltschutzes muß sicher noch mehr gesagt werden. Aber auch das muß ein Gegenstand interdisziplinärer Arbeit sein, denn die Naturwissenschaftler können wohl feststellen, was und wieviel emittiert wird und wie man das verhindern könne, aber eine Beurteilung aller Seiten des Umweltproblems ist uns allein nicht möglich.

Deshalb bin ich so erfreut über die Bereitschaft zur Zusammenarbeit — oder richtiger gesagt, über die Zusage einer aktiven Zusammenarbeit, die in der Diskussion geäußert wurde.

Ich danke Ihnen sowohl für die Hinweise, auf die ich eingegangen bin, als auch für die, die ich aus den anfangs genannten Gründen unerwähnt ließ. Jeden von ihnen betrachten wir als wertvollen Hinweis für unsere gemeinsame Arbeit.

FSC
www.fsc.org
MIX
Papier | Fördert
gute Waldnutzung
FSC® C083411

Zeitfracht Medien GmbH
Ferdinand-Jühlke-Straße 7
99095 Erfurt, Deutschland
produktsicherheit@kolibri360.de